# もくじ　たし算・ひき算２年

ページ

# ひっ算の　しかた

## たし算の　ひっ算

| | 十のくらい | 一のくらい |
|---|---|---|
| | 1 | |
| | 7 | 3 |
| + | 5 | 9 |
| 1 | 3 | 2 |
| ❹ | ❸ | ❷ |

❶くらいを　たてに　そろえて　書く。
❷$3+9=12$
一のくらいに　2を　書く。
十のくらいに　1　くり上げる。
❸$1+7+5=13$
十のくらいに　3を　書く。
百のくらいに　1　くり上げる。
❹百のくらいに　1を　書く。

## ひき算の　ひっ算

| | | |
|---|---|---|
| | 5 | |
| | ~~6~~ | 4 |
| − | 2 | 8 |
| | 3 | 6 |
| | ❸ | ❷ |

❶くらいを　たてに　そろえて　書く。
❷4から　8は　ひけないので、
十のくらいから　1　くり下げる。
$14-8=6$
一のくらいに　6を　書く。
❸$6-1-2=3$
十のくらいに　3を　書く。

| | 百のくらい | | |
|---|---|---|---|
| | | 9 | |
| | ❷→ | ~~10~~ | |
| | ~~1~~ | ~~0~~ | 1 |
| − | | 4 | 5 |
| | | 5 | 6 |
| | | ❹ | ❸ |

❶くらいを　たてに　そろえて　書く。
❷十のくらいからは　くり下げられないので、百のくらいから　十のくらいに　1　くり下げる。
❸十のくらいから　一のくらいに　1　くり下げる。$11-5=6$
❹$10-1-4=5$

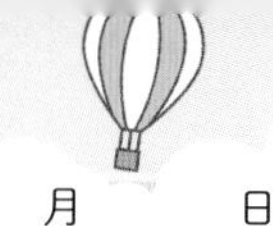

月　　日

# たし算と　ひき算の　ふくしゅう

／100点

**1** たし算(ざん)を　しましょう。　1つ5〔50点(てん)〕

❶ 60＋30　❷ 20＋40

❸ 50＋20　❹ 70＋10

❺ 90＋10　❻ 60＋40

❼ 30＋9　❽ 90＋5

❾ 80＋2　❿ 40＋8

**2** ひき算を　しましょう。　1つ5〔50点〕

❶ 80－40　❷ 50－20

❸ 40－30　❹ 70－60

❺ 100－90　❻ 100－50

❼ 73－3　❽ 62－2

❾ 29－9　❿ 56－6

答えは
63ページ

月　　日

# たし算と　ひき算の　ふくしゅう

／100点

## 1 たし算(ざん)を　しましょう。

1つ5〔50点(てん)〕

❶ 56＋2　　❷ 26＋2

❸ 86＋2　　❹ 34＋5

❺ 44＋5　　❻ 94＋5

❼ 62＋4　　❽ 72＋4

❾ 83＋6　　❿ 53＋6

## 2 ひき算を　しましょう。

1つ5〔50点〕

❶ 58－2　　❷ 38－2

❸ 98－2　　❹ 29－5

❺ 49－5　　❻ 89－5

❼ 76－4　　❽ 56－4

❾ 65－3　　❿ 25－3



答えは
63ページ

月　　日

# くり上がりの　ない たし算の　ひっ算

／100点

## 1 たし算を　しましょう。

1つ5〔10点〕

❶

|  | 2 | 4 |
|---|---|---|
| ＋ | 1 | 2 |
|  |  |  |

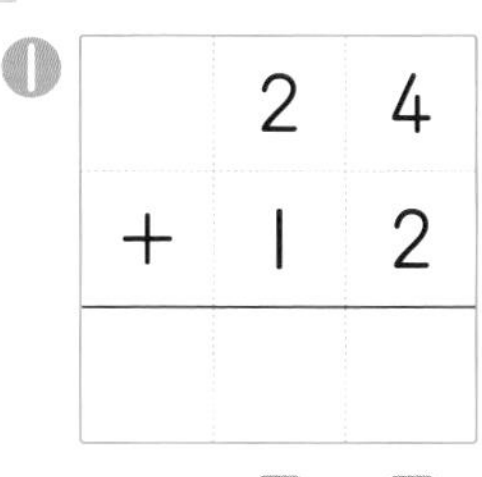

1 一のくらいの計算を する。
2 十のくらいの計算を する。

❷

|  | 5 | 0 |
|---|---|---|
| ＋ | 3 | 3 |
|  |  |  |

## 2 たし算を　しましょう。

1つ10〔90点〕

❶

|  | 4 | 6 |
|---|---|---|
| ＋ | 1 | 2 |
|  |  |  |

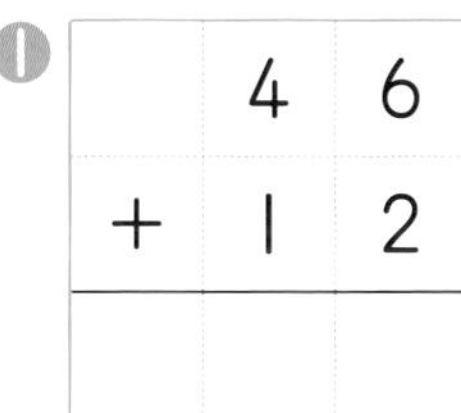

❷

|  | 1 | 8 |
|---|---|---|
| ＋ | 6 | 1 |
|  |  |  |

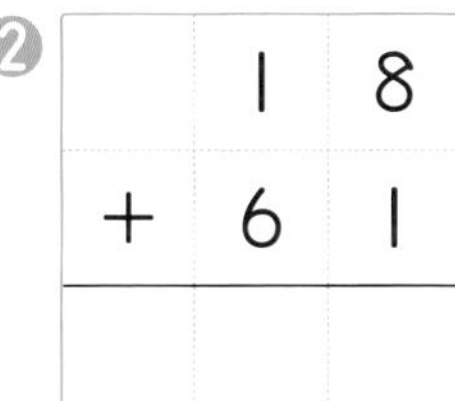

❸

|  | 2 | 0 |
|---|---|---|
| ＋ | 7 | 0 |
|  |  |  |

❹

|  | 3 | 4 |
|---|---|---|
| ＋ | 2 | 5 |
|  |  |  |

❺

|  | 6 | 1 |
|---|---|---|
| ＋ | 2 | 7 |
|  |  |  |

❻

|  | 4 | 7 |
|---|---|---|
| ＋ |  | 2 |
|  |  |  |

❼

|  | 8 | 0 |
|---|---|---|
| ＋ | 1 | 8 |
|  |  |  |

❽

|  |  | 6 |
|---|---|---|
| ＋ | 7 | 3 |
|  |  |  |

❾

|  | 5 | 0 |
|---|---|---|
| ＋ |  | 5 |
|  |  |  |

答えは
63ページ

月　日

10分

# くり上がりの　ない たし算の　ひっ算

／100点

**1** たし算(ざん)を　しましょう。　1つ8〔64点(てん)〕

❶ $\begin{array}{r} 43 \\ +\ 24 \\ \hline \end{array}$

❷ $\begin{array}{r} 15 \\ +\ 31 \\ \hline \end{array}$

❸ $\begin{array}{r} 52 \\ +\ 44 \\ \hline \end{array}$

❹ $\begin{array}{r} 65 \\ +\ 34 \\ \hline \end{array}$

❺ $\begin{array}{r} 19 \\ +\ 70 \\ \hline \end{array}$

❻ $\begin{array}{r} 20 \\ +\ 60 \\ \hline \end{array}$

❼ $\begin{array}{r} 36 \\ +\ 2 \\ \hline \end{array}$

❽ $\begin{array}{r} 4 \\ +\ 80 \\ \hline \end{array}$

**2** たし算を　ひっ算(さん)で　しましょう。　1つ12〔36点〕

❶ 23＋65

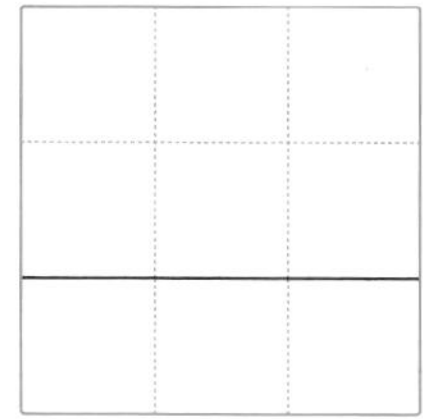

❷ 40＋27

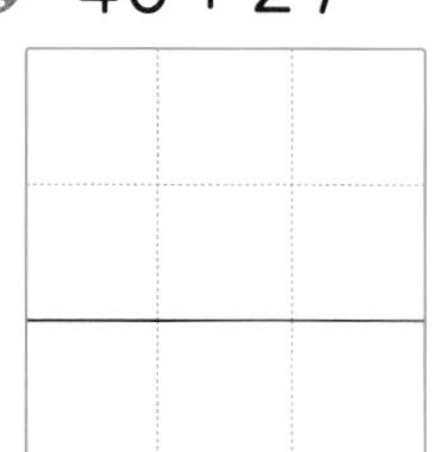

❸ 3＋51

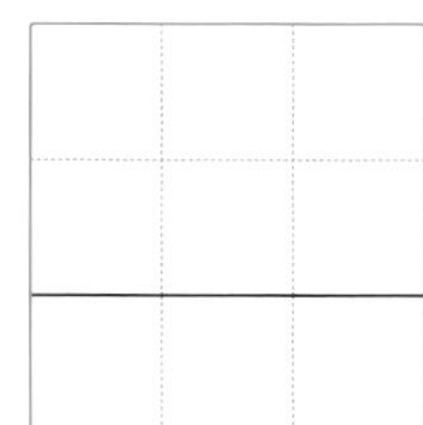



答えは
63ページ

月　日

# くり上がりの　ある たし算の　ひっ算

／100点

## 1 たし算(ざん)を　しましょう。

1つ5〔10点(てん)〕

❶

| | 4 | 8 |
|---|---|---|
| + | 2 | 9 |
| | | |

2　1

1 8+9=17
一のくらいは 7
十のくらいに 1
くり上げる。
2 1 くり上げたから
1+4+2=7

❷

| | 3 | 7 |
|---|---|---|
| + | | 8 |
| | | |

## 2 たし算を　しましょう。

1つ10〔90点〕

❶

| | 5 | 3 |
|---|---|---|
| + | 1 | 9 |
| | | |

❷

| | 4 | 7 |
|---|---|---|
| + | 3 | 3 |
| | | |

❸

| | 3 | 9 |
|---|---|---|
| + | 2 | 9 |
| | | |

❹

| | 2 | 6 |
|---|---|---|
| + | 5 | 4 |
| | | |

❺

| | 1 | 5 |
|---|---|---|
| + | | 9 |
| | | |

❻

| | | 5 |
|---|---|---|
| + | 6 | 8 |
| | | |

❼

| | 1 | 9 |
|---|---|---|
| + | 7 | 8 |
| | | |

❽

| | 4 | 5 |
|---|---|---|
| + | | 7 |
| | | |

❾

| | | 8 |
|---|---|---|
| + | 2 | 3 |
| | | |

答えは
63ページ

月　日

10分

# くり上がりの　ある たし算の　ひっ算

／100点

1 たし算を　しましょう。　1つ8〔64点〕

❶
$$\begin{array}{r} 74 \\ +\ 19 \\ \hline \end{array}$$

❷
$$\begin{array}{r} 38 \\ +\ 47 \\ \hline \end{array}$$

❸
$$\begin{array}{r} 29 \\ +\ 51 \\ \hline \end{array}$$

❹
$$\begin{array}{r} 16 \\ +\ 24 \\ \hline \end{array}$$

❺
$$\begin{array}{r} 39 \\ +\ \ 3 \\ \hline \end{array}$$

❻
$$\begin{array}{r} 9 \\ +\ 87 \\ \hline \end{array}$$

❼
$$\begin{array}{r} 72 \\ +\ \ 8 \\ \hline \end{array}$$

❽
$$\begin{array}{r} 7 \\ +\ 53 \\ \hline \end{array}$$

2 たし算を　ひっ算で　しましょう。　1つ12〔36点〕

❶ 37＋46

❷ 15＋35

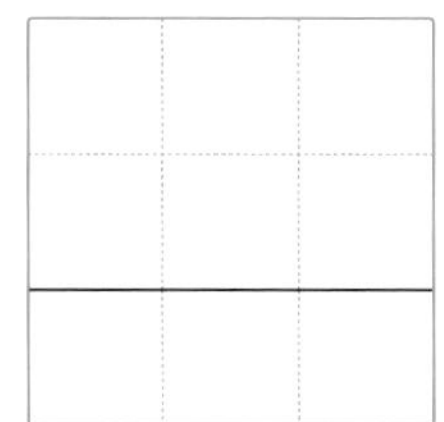

❸ 8＋29

答えは
63ページ

月　日

# くり下がりの　ない ひき算の　ひっ算

／100点

## 1 ひき算（ざん）を　しましょう。

1つ5〔10点（てん）〕

❶
|  | 4 | 3 |
|---|---|---|
| − | 1 | 1 |
|  |  |  |

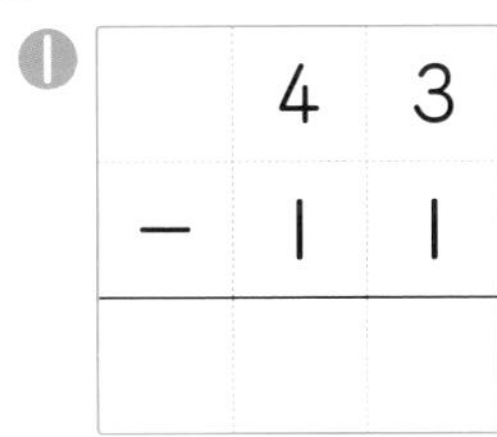


❷
|  | 2 | 6 |
|---|---|---|
| − |  | 2 |
|  |  |  |

## 2 ひき算を　しましょう。

1つ10〔90点〕

❶
|  | 3 | 8 |
|---|---|---|
| − | 2 | 6 |
|  |  |  |

❷
|  | 8 | 7 |
|---|---|---|
| − | 6 | 4 |
|  |  |  |

❸
|  | 6 | 4 |
|---|---|---|
| − | 5 | 0 |
|  |  |  |

❹
|  | 5 | 9 |
|---|---|---|
| − | 3 | 9 |
|  |  |  |

❺
|  | 7 | 0 |
|---|---|---|
| − | 2 | 0 |
|  |  |  |

❻
|  | 6 | 8 |
|---|---|---|
| − | 6 | 6 |
|  |  |  |

❼
|  | 2 | 4 |
|---|---|---|
| − | 2 | 0 |
|  |  |  |

❽
|  | 4 | 8 |
|---|---|---|
| − |  | 3 |
|  |  |  |

❾
|  | 3 | 5 |
|---|---|---|
| − |  | 5 |
|  |  |  |

答えは
64ページ

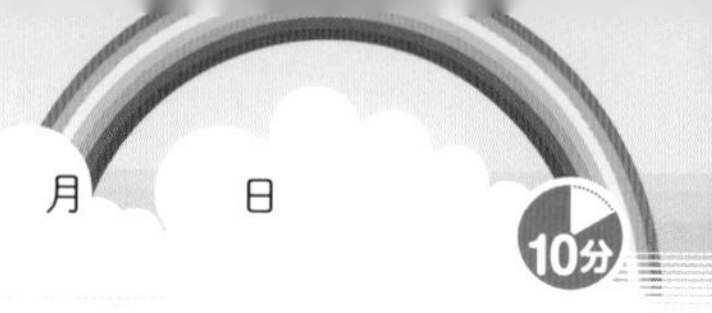

月　日

10分

# くり下がりの　ない<br>ひき算の　ひっ算

／100点

## 1 ひき算を　しましょう。

1つ8〔64点〕

❶ $\begin{array}{r} 48 \\ -25 \\ \hline \end{array}$

❷ $\begin{array}{r} 57 \\ -40 \\ \hline \end{array}$

❸ $\begin{array}{r} 64 \\ -34 \\ \hline \end{array}$

❹ $\begin{array}{r} 80 \\ -50 \\ \hline \end{array}$

❺ $\begin{array}{r} 25 \\ -23 \\ \hline \end{array}$

❻ $\begin{array}{r} 93 \\ -90 \\ \hline \end{array}$

❼ $\begin{array}{r} 86 \\ -\ \ 4 \\ \hline \end{array}$

❽ $\begin{array}{r} 58 \\ -\ \ 8 \\ \hline \end{array}$

## 2 ひき算を　ひっ算で　しましょう。

1つ12〔36点〕

❶ 59－16

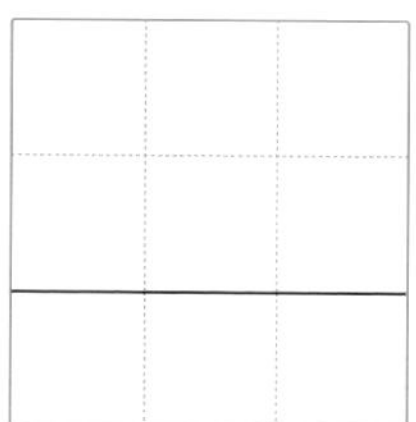

❷ 78－73

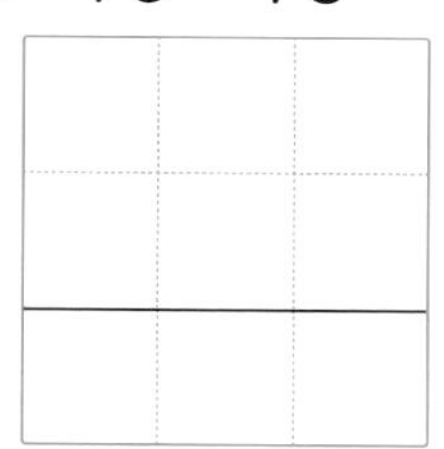

❸ 87－5

答えは
64ページ

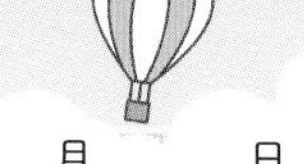

月　　日

# くり下がりの　ある　ひき算の　ひっ算 ①

／100点

## 1 ひき算(ざん)を　しましょう。　1つ5〔10点(てん)〕

❶

| | 5 | 3 |
|---|---|---|
| − | 2 | 8 |
| | | |

2　1

1 3から 8は ひけないので、十のくらいから 1 くり下げる。
13−8=5
2 1 くり下げたから
4−2=2

❷

| | 4 | 0 |
|---|---|---|
| − | 1 | 2 |
| | | |

## 2 ひき算を　しましょう。　1つ10〔90点〕

❶

| | 9 | 8 |
|---|---|---|
| − | 3 | 9 |
| | | |

❷

| | 3 | 4 |
|---|---|---|
| − | 1 | 5 |
| | | |

❸

| | 6 | 0 |
|---|---|---|
| − | 3 | 4 |
| | | |

❹

| | 2 | 1 |
|---|---|---|
| − | 1 | 2 |
| | | |

❺

| | 8 | 5 |
|---|---|---|
| − | 7 | 9 |
| | | |

❻

| | 7 | 3 |
|---|---|---|
| − | 1 | 4 |
| | | |

❼

| | 5 | 1 |
|---|---|---|
| − | 3 | 6 |
| | | |

❽

| | 8 | 0 |
|---|---|---|
| − | 5 | 7 |
| | | |

❾

| | 6 | 2 |
|---|---|---|
| − | 5 | 4 |
| | | |

答えは
64ページ

月　日

# くり下がりの　ある ひき算の　ひっ算 ①

／100点

**1** ひき算を　しましょう。　1つ8〔64点〕

❶
```
  61
－37
```

❷
```
  45
－26
```

❸
```
  90
－28
```

❹
```
  80
－41
```

❺
```
  43
－37
```

❻
```
  60
－59
```

❼
```
  57
－18
```

❽
```
  73
－64
```

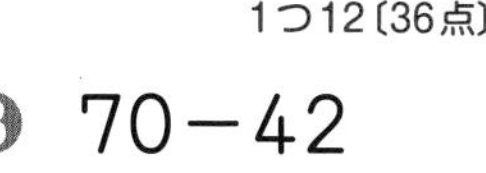

**2** ひき算を　ひっ算で　しましょう。　1つ12〔36点〕

❶ 93－45　❷ 34－28　❸ 70－42

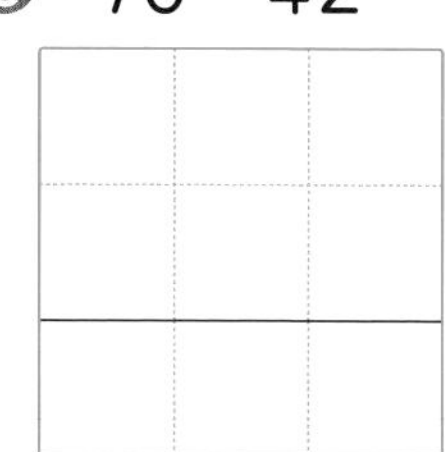



答えは 64ページ

月　日

# くり下がりの　ある<br>ひき算の　ひっ算 ②

／100点

## 1 ひき算(ざん)を　しましょう。　1つ5〔10点(てん)〕

❶

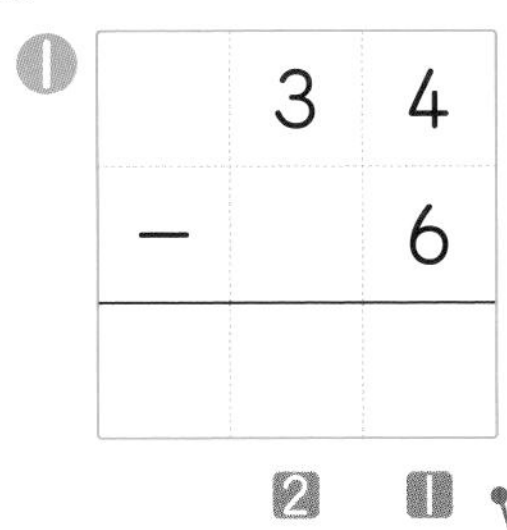


1 4から 6は ひけないので、十のくらいから 1 くり下げる。
14−6=8
2 1 くり下げたから 2。

❷
|  | 4 | 0 |
|---|---|---|
| − |  | 8 |
|  |  |  |

## 2 ひき算を　しましょう。　1つ10〔90点〕

❶

❷

❸
|  | 7 | 0 |
|---|---|---|
| − |  | 5 |
|  |  |  |

❹
|  | 8 | 5 |
|---|---|---|
| − |  | 7 |
|  |  |  |

❺
|  | 9 | 0 |
|---|---|---|
| − |  | 6 |
|  |  |  |

❻
|  | 7 | 1 |
|---|---|---|
| − |  | 4 |
|  |  |  |

❼
|  | 9 | 5 |
|---|---|---|
| − |  | 6 |
|  |  |  |

❽
|  | 5 | 0 |
|---|---|---|
| − |  | 7 |
|  |  |  |

❾
|  | 5 | 2 |
|---|---|---|
| − |  | 8 |
|  |  |  |

答えは
64ページ

月　日

# くり下がりの　ある ひき算の　ひっ算 ②

／100点

**1** ひき算（ざん）を　しましょう。　1つ8〔64点（てん）〕

❶ $\begin{array}{r} 31 \\ -\ \ 2 \\ \hline \end{array}$

❷ $\begin{array}{r} 50 \\ -\ \ 4 \\ \hline \end{array}$

❸ $\begin{array}{r} 71 \\ -\ \ 6 \\ \hline \end{array}$

❹ $\begin{array}{r} 20 \\ -\ \ 3 \\ \hline \end{array}$

❺ $\begin{array}{r} 45 \\ -\ \ 7 \\ \hline \end{array}$

❻ $\begin{array}{r} 27 \\ -\ \ 8 \\ \hline \end{array}$

❼ $\begin{array}{r} 42 \\ -\ \ 5 \\ \hline \end{array}$

❽ $\begin{array}{r} 60 \\ -\ \ 7 \\ \hline \end{array}$

**2** ひき算を　ひっ算（さん）で　しましょう。　1つ12〔36点〕

❶ 68−9

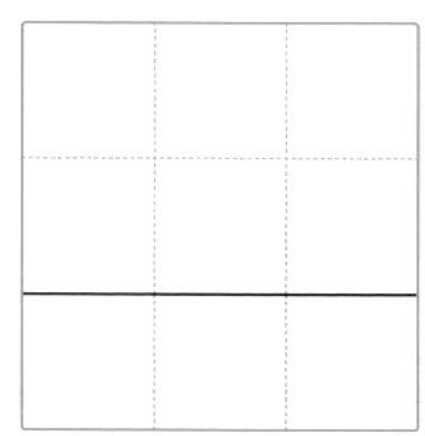

❷ 73−8

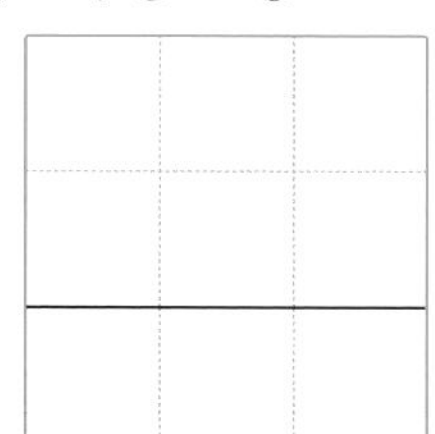

❸ 90−9

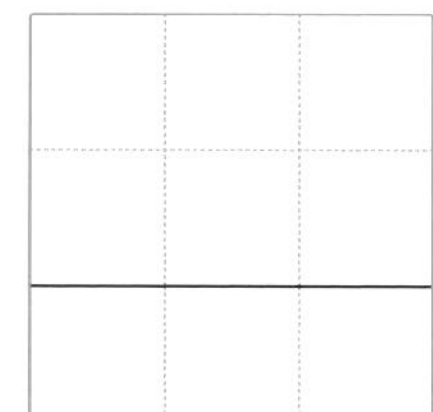



答えは
64ページ

月　　日

# 答えの　たしかめ

／100点

**1** 34＋25を　ひっ算で　して、答えの　たしかめも　しましょう。

〔20点〕

【ひっ算】

| | | | |
|---|---|---|---|
| たされる数… | | 3 | 4 |
| たす数……… | ＋ | 2 | 5 |
| 答え………… | | | |

【たしかめ】

| | | |
|---|---|---|
| | | |
| ＋ | | |
| | | |

たされる数と たす数を 入れかえて 計算しても、答えは 同じです。

**2** ひっ算で　して、答えの　たしかめも　しましょう。

1つ20〔80点〕

❶ 72＋6

【ひっ算】　【たしかめ】

❷ 32＋49

【ひっ算】　【たしかめ】

❸ 33＋9

【ひっ算】　【たしかめ】

❹ 8＋75

【ひっ算】　【たしかめ】

答えは 65ページ

月　日

# 答えの　たしかめ

／100点

**1** 59－32を　ひっ算で　して、答えの　たしかめも　しましょう。〔20点〕

|  | 【ひっ算】 |  |  | 【たしかめ】 |  |  |
|---|---|---|---|---|---|---|
| ひかれる数… |  | 5 | 9 |  |  |  |
| ひく数……… | － | 3 | 2 | ＋ |  |  |
| 答え………… |  |  |  |  |  |  |

ひき算の 答えに ひく数を たすと、ひかれる数に なります。

**2** ひっ算で　して、答えの　たしかめも　しましょう。

1つ20〔80点〕

❶ 69－5

【ひっ算】　【たしかめ】

❷ 43－29

【ひっ算】　【たしかめ】

❸ 91－8

【ひっ算】　【たしかめ】

❹ 70－7

【ひっ算】　【たしかめ】



答えは 65ページ

月　　日

# 1000までの　数

／100点

**1** 何(なん)まい　ありますか。数字(すうじ)で　(　)に　書(か)きましょう。

1つ8〔16点(てん)〕

❶ 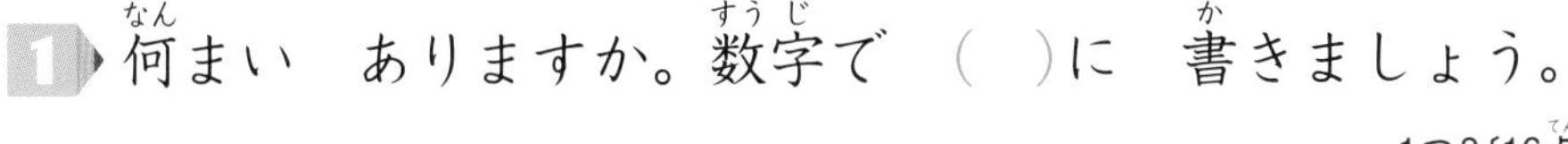


(　　　　)まい

❷ 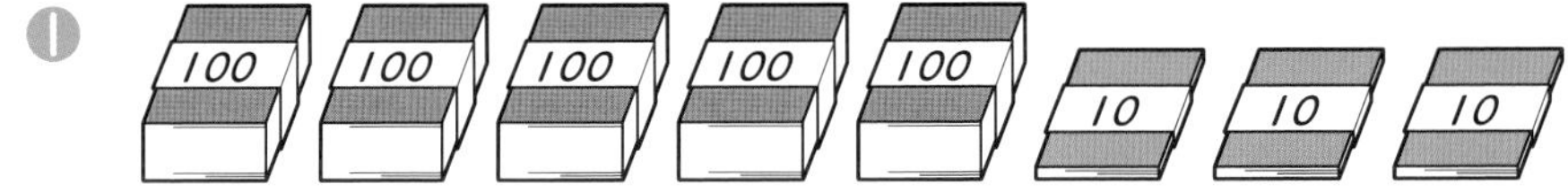


(　　　　)まい

**2** □に　あう　数(かず)を　書きましょう。

□1つ12〔84点〕

❶ 100を　4こ、10を　7こ、1を　2こ

あわせた　数は、□です。

❷ 10を　25こ　あつめた　数は　□です。

❸ 988—989—□

❹ 660—670—□

❺ □　□　□

800　900

答えは
65ページ

月　日

# 1000までの　数

／100点

**1** □に　あう　数(かず)を　書(か)きましょう。　1つ10〔40点(てん)〕

❶ 278は、100を □こ、10を □こ、

1を □こ　あわせた　数です。

❷ 一のくらいが　9、十のくらいが　4、

百のくらいが　5の　数は、□です。

❸ 509の　十のくらいの　数字(すうじ)は □です。

❹ 760は、10を □こ　あつめた　数です。

**2** あと　いくつで　1000に　なりますか。　1つ15〔30点〕

❶ 900　(　　　)　❷ 990　(　　　)

**3** 大きい　ほうに　○を　つけましょう。　1つ5〔30点〕

❶ 101 ― 98　❷ 376 ― 357

❸ 509 ― 570　❹ 807 ― 798

❺ 708 ― 806　❻ 968 ― 969



答えは
65ページ

月　　日

# 何十の　たし算と　ひき算

／100点

**1** あわせると　何円(なんえん)でしょう。〔10点(てん)〕

【しき】 40＋80＝□　　答え(こたえ)（　　）円

**2** 計算(けいさん)を　しましょう。　1つ10〔40点〕

❶ 50＋60　　❷ 30＋90

❸ 70＋70　　❹ 80＋50

**3** のこりは　何円でしょう。〔10点〕

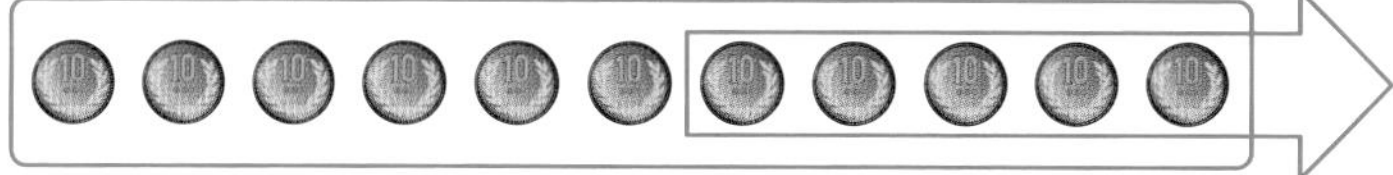

【しき】 110－50＝□　　答え（　　）円

**4** 計算を　しましょう。　1つ10〔40点〕

❶ 120－90　　❷ 170－80

❸ 150－60　　❹ 140－70

答えは
65ページ

月　　日

# 何十の　たし算と　ひき算

／100点

**1** 計算を　しましょう。　　1つ10〔100点〕

❶ 80＋70　　❷ 70＋60

❸ 50＋90　　❹ 90＋80

❺ 40＋70　　❻ 180－90

❼ 110－30　　❽ 130－50

❾ 160－90　　❿ 140－60



答えは
66ページ

月　　日

# 何百の　たし算と　ひき算

／100点

**1** あわせると　何円(なんえん)でしょう。　1つ20〔60点(てん)〕

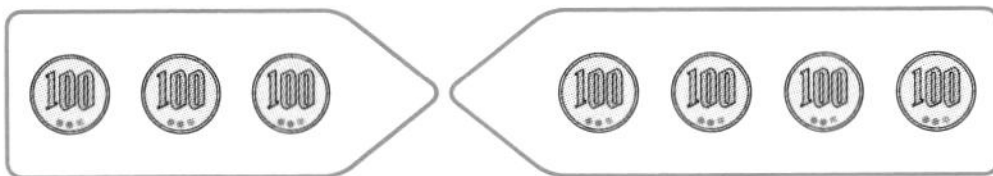

【しき】 300＋400＝□　　答え(こた)（　　　）円

【しき】 200＋50＝□　　答え（　　　）円

【しき】 700＋4＝□　　答え（　　　）円

**2** のこりは　何円でしょう。　1つ20〔40点〕

【しき】 900－500＝□　　答え（　　　）円

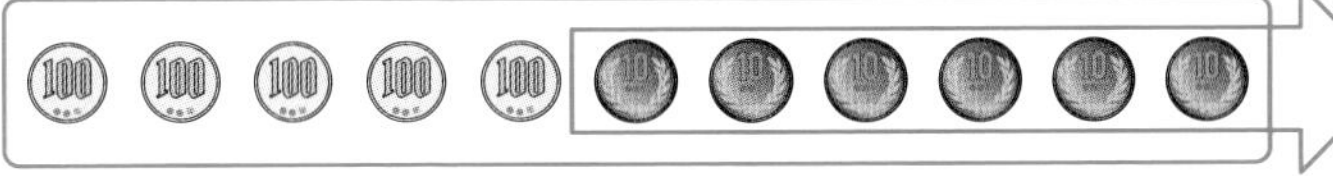

【しき】 560－60＝□　　答え（　　　）円

答えは
66ページ

月　　日

# 何百の　たし算と　ひき算

／100点

**1** たし算(ざん)を　しましょう。　1つ5〔50点(てん)〕

❶ 600＋300　❷ 200＋500

❸ 300＋100　❹ 400＋400

❺ 900＋20　❻ 500＋60

❼ 700＋80　❽ 300＋5

❾ 600＋2　❿ 800＋7

**2** ひき算を　しましょう。　1つ5〔50点〕

❶ 800－200　❷ 500－400

❸ 900－600　❹ 1000－700

❺ 460－60　❻ 630－30

❼ 350－50　❽ 808－8

❾ 709－9　❿ 503－3



答えは
66ページ

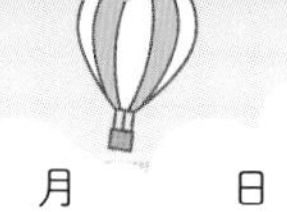

月　　日

# (　)を　つかった　しき

／100点

**1** 8＋6＋4 を　2 とおりの　考え方で　計算します。
□に　あう　数を　書きましょう。　1つ10〔20点〕

❶ 8＋6 に　4 を　たす。

8＋6＋4

＝(8＋6)＋4

＝□＋4

＝□

❷ 8 に　6＋4 を　たす。

8＋6＋4

＝8＋(6＋4)

＝8＋□

＝□

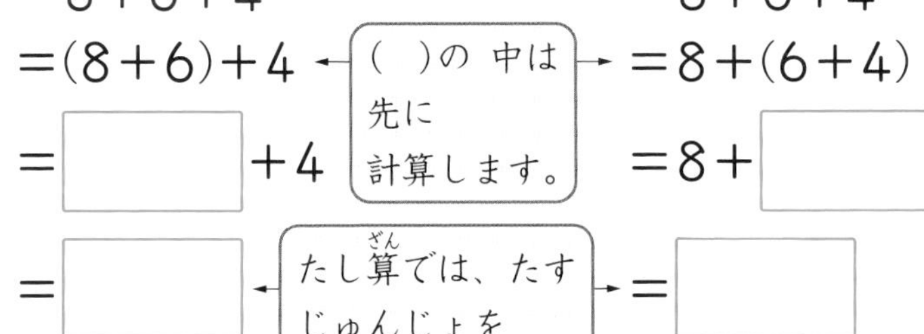

**2** □に　あう　数を　書きましょう。　1つ20〔80点〕

❶ 80＋30＋70

＝80＋(30＋70)

＝80＋□

＝□

❷ 9＋5＋35

＝9＋(5＋35)

＝9＋□

＝□

❸ 7＋(4＋6)

＝7＋□

＝□

❹ 47＋(17＋13)

＝47＋□

＝□

答えは
66ページ

月　日

10分

# (　)を　つかった　しき

／100点

1 計算(けいさん)を　しましょう。　1つ10〔40点(てん)〕

❶ 38+(7+3)　❷ 59+(15+5)

❸ 80+(60+40)　❹ 90+(75+5)

2 くふうして　計算しましょう。　1つ10〔60点〕

❶ 19+6+4　❷ 42+7+3

❸ 26+8+12　❹ 43+34+7

❺ 26+57+4　❻ 51+17+9



答えは
66ページ

月　　日

# たし算と　ひき算の　あん算

／100点

**1** □に　あう　数(かず)を　書(か)きましょう。　1つ25〔100点(てん)〕

❶ 17＋6
↓ 17を 10と 7に わける
＝(10＋7)＋6
↓ 7と 6を まとめる
＝10＋(7＋6)
↓ 7と 6を たす
＝10＋□
＝□

❷ 17＋6
↓ 6を 3と 3に わける
＝17＋(3＋3)
↓ 17と 3を まとめる
＝(17＋□)＋3
↓ 17と 3を たす
＝□＋3
＝□

❸ 32－7
↓ 32を 20と 12に わける
＝(20＋12)－7
↓ 12－7を まとめる
＝20＋(12－7)
↓ 12から 7を ひく
＝20＋□
＝□

❹ 32－7
↓ 7を 2と 5に わける
＝32－(2＋5)
↓ 32－2を まとめる
＝(32－□)－5
↓ 32から 2を ひく
＝□－5
＝□

答えは
66ページ

月　日

# たし算と　ひき算の　あん算

／100点

**1** あん算で　しましょう。　1つ6〔36点〕

❶ 18＋5　❷ 47＋4

❸ 39＋8　❹ 8＋67

❺ 7＋56　❻ 6＋75

**2** あん算で　しましょう。　1つ8〔64点〕

❶ 61－3　❷ 42－4

❸ 73－9　❹ 50－6

❺ 32－5　❻ 95－8

❼ 84－6　❽ 26－7



答えは
66ページ

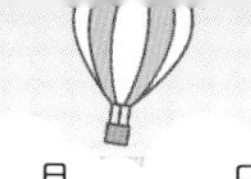

月　　日

# 3つの　数の　計算 ①

／100点

**1** ひっ算(さん)で　しましょう。　❶～❸1つ12、❹～❼1つ16〔100点(てん)〕

❶ 18＋25＋32

❷ 31＋26＋12

❸ 29＋17＋45

❹ 15＋43＋21

❺ 36＋19＋38

❻ 23＋34＋13

❼ 16＋47＋28

答えは
67ページ

月　　日

# 3つの　数の　計算 ①

／100点

**1** ひっ算(さん)で　しましょう。　1つ10〔100点(てん)〕

❶ 23＋14＋51

❷ 50＋17＋30

❸ 15＋32＋11

❹ 26＋10＋45

❺ 43＋25＋16

❻ 34＋28＋37

❼ 16＋32＋28

❽ 28＋15＋39

❾ 27＋27＋26

❿ 19＋57＋18



答えは
67ページ

月　　日

# 3つの　数の　計算 ②

／100点

**1** ひっ算(さん)で　しましょう。　　❶〜❸1つ12、❹〜❼1つ16〔100点(てん)〕

❶ 88−43−24

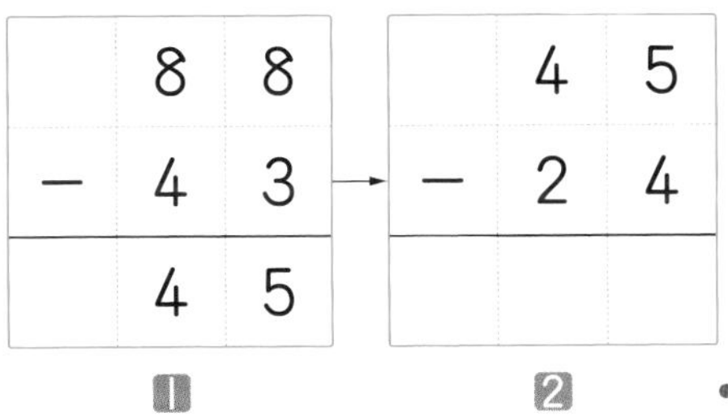


1 88−43を 計算(けいさん)する。
2 1の 答(こた)えから
24を ひく。

❷ 54−12−17　　❸ 48−25−11

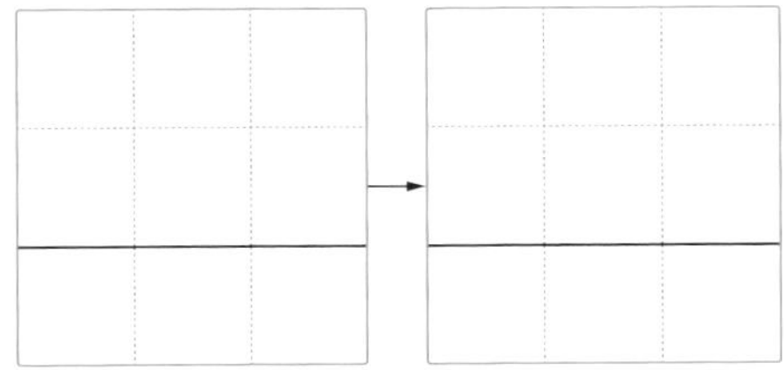

❹ 65−26−26　　❺ 97−29−38

❻ 78−33−19　　❼ 45−16−23

答えは
67ページ

月　　日

# 3つの　数の　計算 ②

／100点

**1** ひっ算（さん）で　しましょう。　　1つ10〔100点（てん）〕

❶ 67－25－21　　❷ 79－13－45

❸ 86－32－12　　❹ 58－24－18

❺ 95－41－37　　❻ 42－18－13

❼ 76－38－21　　❽ 83－27－29

❾ 65－39－17　　❿ 53－19－26



答えは
67ページ

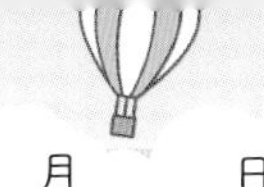

月　　日

# 3つの　数の　計算 ③

／100点

**1** ひっ算(さん)で　しましょう。

❶〜❸1つ12、❹〜❼1つ16〔100点(てん)〕

❶ 56＋15－33

| | | |
|---|---|---|
| | 5 | 6 |
| ＋ | 1 | 5 |
| | 7 | 1 |

→

| | | |
|---|---|---|
| | 7 | 1 |
| － | 3 | 3 |
| | | |

1　　2

1 56＋15を　計算(けいさん)する。
2 1の　答(こた)えから
33を　ひく。

❷ 71－38＋29　　❸ 47＋31－24

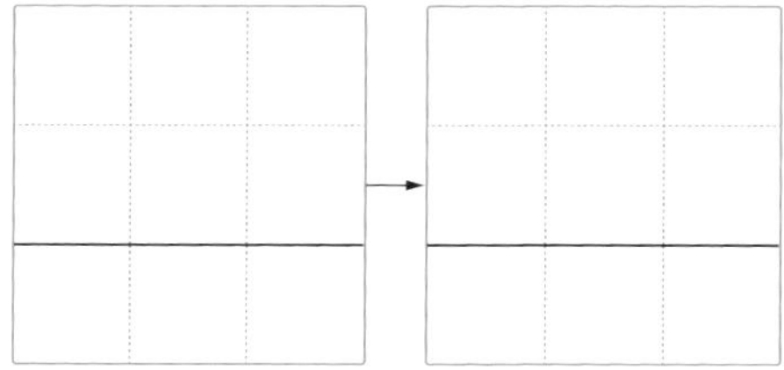

❹ 46＋9－22　　❺ 68＋27－59

❻ 54－37＋68　　❼ 84－45＋16

答えは
68ページ

月　　日

# 3つの　数の　計算 ③

／100点

**1** ひっ算（さん）で　しましょう。　　1つ10〔100点（てん）〕

❶ 24＋43－16　　❷ 37＋51－23

❸ 29＋18－27　　❹ 52＋34－49

❺ 67＋24－86　　❻ 75－43＋26

❼ 48－27＋34　　❽ 56－32＋47

❾ 92－35＋27　　❿ 84－47＋28



答えは
68ページ

月　　日

# 十のくらいが　くり上がる たし算の　ひっ算

／100点

## 1 たし算を　しましょう。

1つ5〔10点〕

❶
|  | 6 | 7 |
|---|---|---|
| + | 8 | 2 |
|  |  |  |

1 7+2=9
2 6+8=14
十のくらいに 4、
百のくらいに 1 を
書く。

❷
|  | 2 | 0 |
|---|---|---|
| + | 9 | 2 |
|  |  |  |

## 2 たし算を　しましょう。

1つ10〔90点〕

❶
|  | 4 | 3 |
|---|---|---|
| + | 8 | 4 |
|  |  |  |

❷
|  | 6 | 3 |
|---|---|---|
| + | 7 | 1 |
|  |  |  |

❸
|  | 8 | 1 |
|---|---|---|
| + | 9 | 3 |
|  |  |  |

❹
|  | 9 | 4 |
|---|---|---|
| + | 9 | 4 |
|  |  |  |

❺
|  | 5 | 3 |
|---|---|---|
| + | 7 | 4 |
|  |  |  |

❻
|  | 7 | 1 |
|---|---|---|
| + | 6 | 5 |
|  |  |  |

❼
|  | 8 | 0 |
|---|---|---|
| + | 8 | 6 |
|  |  |  |

❽
|  | 6 | 0 |
|---|---|---|
| + | 9 | 7 |
|  |  |  |

❾
|  | 7 | 2 |
|---|---|---|
| + | 4 | 0 |
|  |  |  |

答えは
68ページ

月　日

# 十のくらいが　くり上がる たし算の　ひっ算

／100点

## 1 たし算(ざん)を　しましょう。

1つ8〔64点(てん)〕

❶
$$\begin{array}{r} 95 \\ +84 \\ \hline \end{array}$$

❷
$$\begin{array}{r} 52 \\ +73 \\ \hline \end{array}$$

❸
$$\begin{array}{r} 76 \\ +63 \\ \hline \end{array}$$

❹
$$\begin{array}{r} 84 \\ +72 \\ \hline \end{array}$$

❺
$$\begin{array}{r} 93 \\ +94 \\ \hline \end{array}$$

❻
$$\begin{array}{r} 50 \\ +91 \\ \hline \end{array}$$

❼
$$\begin{array}{r} 46 \\ +70 \\ \hline \end{array}$$

❽
$$\begin{array}{r} 83 \\ +80 \\ \hline \end{array}$$

## 2 たし算を　ひっ算(さん)で　しましょう。

1つ12〔36点〕

❶ 61＋56

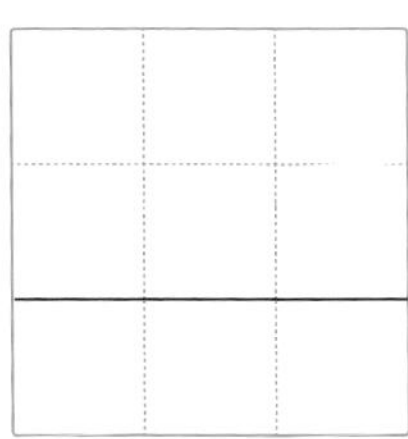

❷ 98＋40

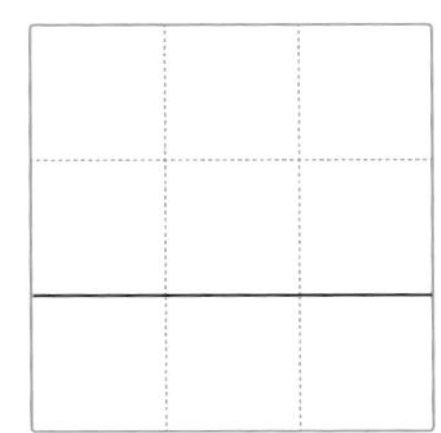

❸ 70＋79

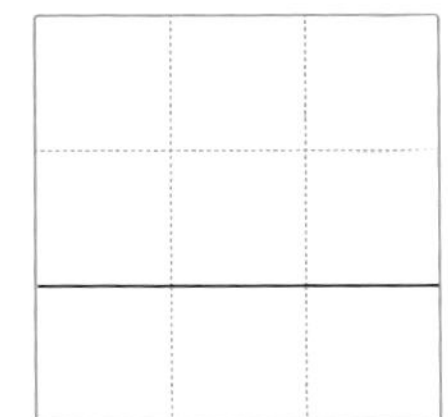



答えは
68ページ

月　　日

# 一のくらい、十のくらいが くり上がる　たし算の　ひっ算

／100点

## 1 たし算を　しましょう。

1つ5〔10点〕

❶

|   | 8 | 9 |
|---|---|---|
| + | 4 | 3 |
|   |   |   |

2　1

1 9＋3＝12
十のくらいに 1
くり上げる。
2 1＋8＋4＝13
十のくらいに 3、
百のくらいに 1 を
書く。

❷

|   | 3 | 7 |
|---|---|---|
| + | 7 | 3 |
|   |   |   |

## 2 たし算を　しましょう。

1つ10〔90点〕

❶

|   | 5 | 7 |
|---|---|---|
| + | 6 | 4 |
|   |   |   |

❷

|   | 9 | 8 |
|---|---|---|
| + | 7 | 6 |
|   |   |   |

❸

|   | 4 | 7 |
|---|---|---|
| + | 7 | 5 |
|   |   |   |

❹

|   | 6 | 3 |
|---|---|---|
| + | 9 | 8 |
|   |   |   |

❺

|   | 7 | 5 |
|---|---|---|
| + | 8 | 8 |
|   |   |   |

❻

|   | 8 | 9 |
|---|---|---|
| + | 3 | 4 |
|   |   |   |

❼

|   | 6 | 9 |
|---|---|---|
| + | 8 | 1 |
|   |   |   |

❽

|   | 7 | 5 |
|---|---|---|
| + | 6 | 5 |
|   |   |   |

❾

|   | 9 | 4 |
|---|---|---|
| + | 8 | 6 |
|   |   |   |

答えは
68ページ

月　　日

# 一のくらい、十のくらいが くり上がる　たし算の　ひっ算

／100点

**1** たし算(ざん)を　しましょう。　1つ8〔64点(てん)〕

❶ $\begin{array}{r} 77 \\ +85 \\ \hline \end{array}$

❷ $\begin{array}{r} 59 \\ +62 \\ \hline \end{array}$

❸ $\begin{array}{r} 63 \\ +88 \\ \hline \end{array}$

❹ $\begin{array}{r} 84 \\ +49 \\ \hline \end{array}$

❺ $\begin{array}{r} 96 \\ +78 \\ \hline \end{array}$

❻ $\begin{array}{r} 36 \\ +84 \\ \hline \end{array}$

❼ $\begin{array}{r} 72 \\ +58 \\ \hline \end{array}$

❽ $\begin{array}{r} 57 \\ +83 \\ \hline \end{array}$

**2** たし算を　ひっ算(さん)で　しましょう。　1つ12〔36点〕

❶ 87+94

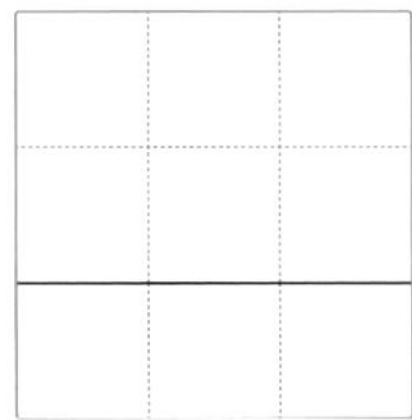

❷ 79+37

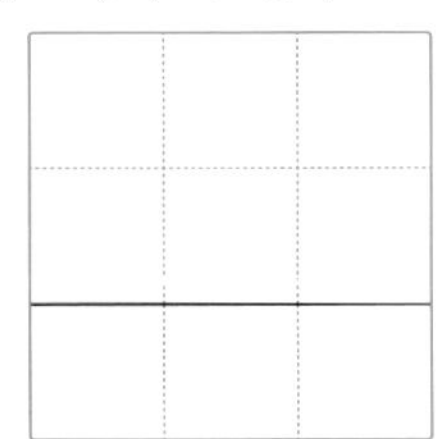

❸ 95+65

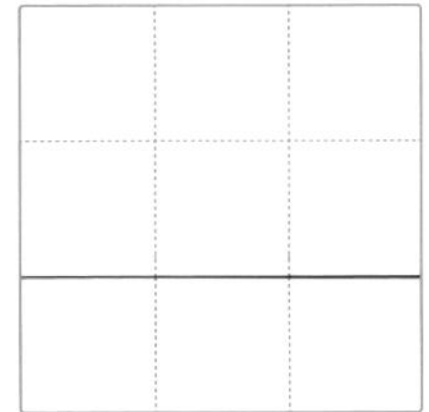



答えは
68ページ

月　　日

# 十のくらいが　0に　なる たし算の　ひっ算

／100点

## 1 たし算を　しましょう。　1つ5〔10点〕

❶
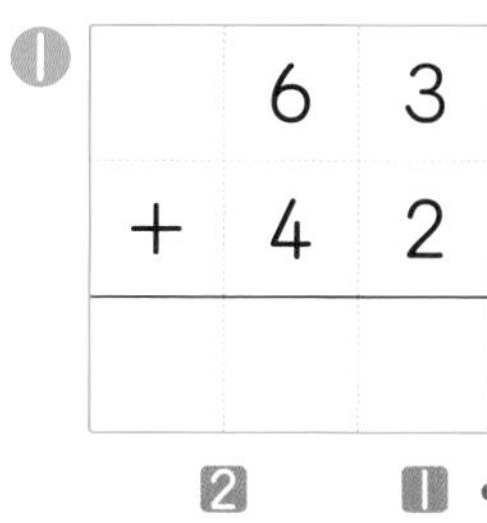

2　1

1 3+2=5
2 6+4=10
十のくらいに 0、
百のくらいに 1 を
書く。

❷
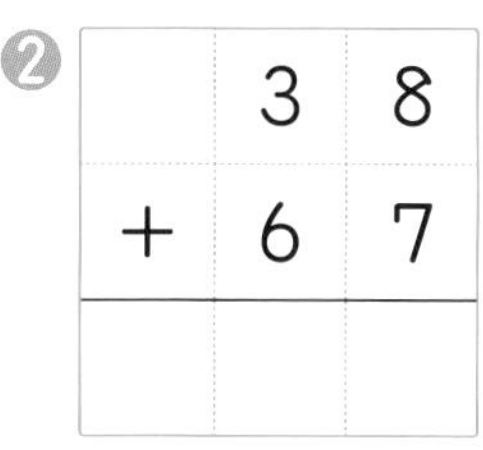

## 2 たし算を　しましょう。　1つ10〔90点〕

❶
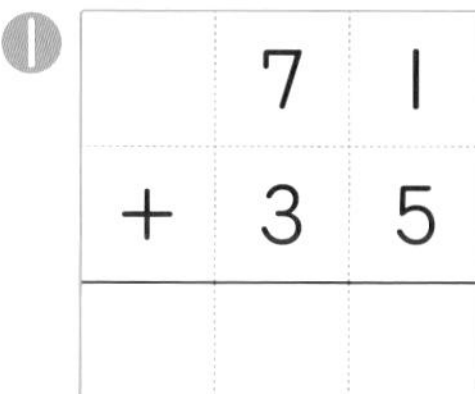

❷
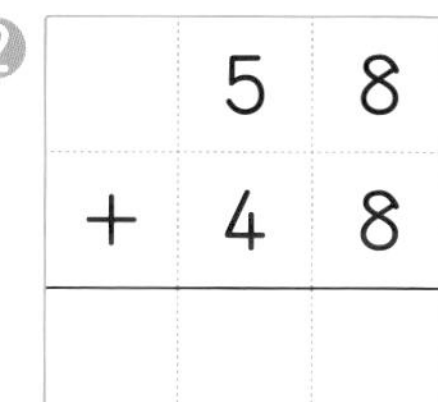

❸

| | 1 | 9 |
|---|---|---|
| + | 8 | 1 |
| | | |

❹

| | 9 | 4 |
|---|---|---|
| + | | 7 |
| | | |

❺

| | 9 | 7 |
|---|---|---|
| + | | 6 |
| | | |

❻

| | 9 | 1 |
|---|---|---|
| + | | 9 |
| | | |

❼

| | | 8 |
|---|---|---|
| + | 9 | 6 |
| | | |

❽

| | | 6 |
|---|---|---|
| + | 9 | 9 |
| | | |

❾

| | | 2 |
|---|---|---|
| + | 9 | 8 |
| | | |

答えは 69ページ

月　　日

# 十のくらいが　0に　なる たし算の　ひっ算

／100点

**1** たし算を　しましょう。　1つ8〔64点〕

❶ $\begin{array}{r} 22 \\ +84 \\ \hline \end{array}$

❷ $\begin{array}{r} 70 \\ +32 \\ \hline \end{array}$

❸ $\begin{array}{r} 84 \\ +19 \\ \hline \end{array}$

❹ $\begin{array}{r} 31 \\ +69 \\ \hline \end{array}$

❺ $\begin{array}{r} 98 \\ +\ \ 3 \\ \hline \end{array}$

❻ $\begin{array}{r} 7 \\ +97 \\ \hline \end{array}$

❼ $\begin{array}{r} 95 \\ +\ \ 5 \\ \hline \end{array}$

❽ $\begin{array}{r} 6 \\ +94 \\ \hline \end{array}$

**2** たし算を　ひっ算で　しましょう。　1つ12〔36点〕

❶ 46+59

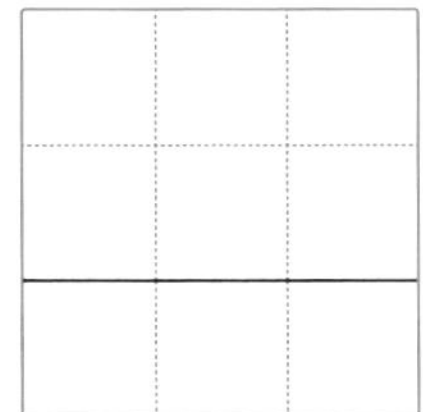

❷ 96+7

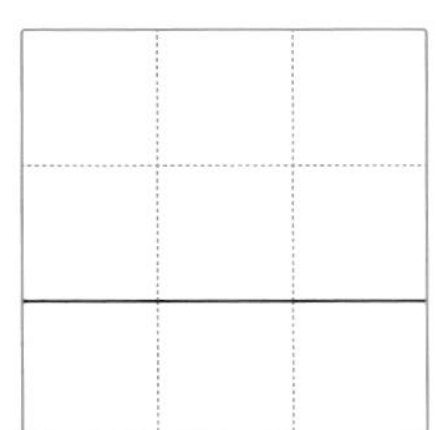

❸ 7+93

答えは
69ページ

月　日

# 十のくらいに　くり下がる ひき算の　ひっ算

／100点

**1** ひき算を　しましょう。　1つ5〔10点〕

① 123 − 41

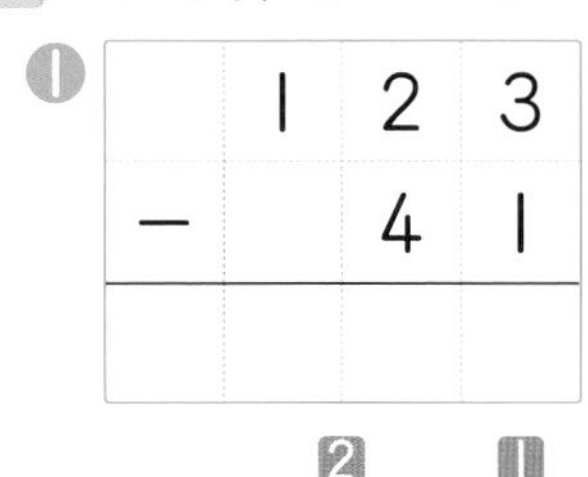

❶ 3−1=2
❷ 2から 4は ひけないので、百のくらいから 1くり下げる。
12−4=8

② 185 − 94

**2** ひき算を　しましょう。　1つ10〔90点〕

① 158 − 63

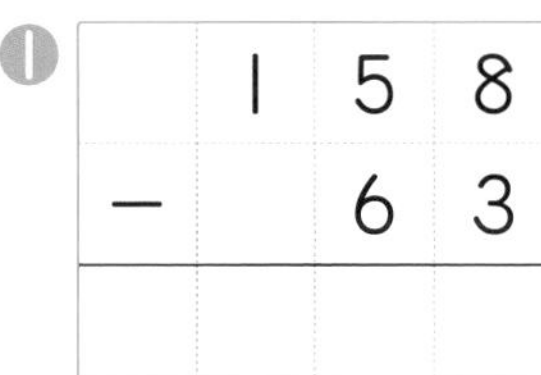

② 169 − 85

③ 125 − 62

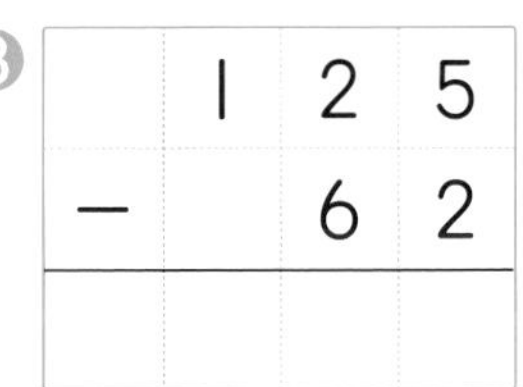

④ 114 − 21

⑤ 147 − 53

⑥ 178 − 93

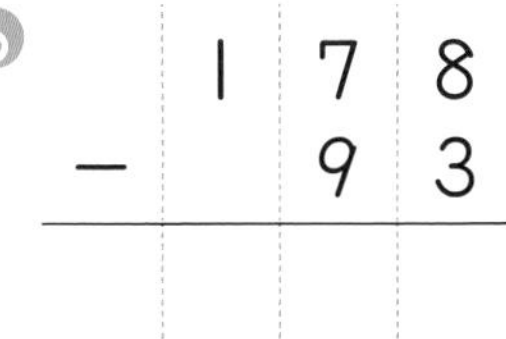

⑦ 122 − 62

⑧ 154 − 74

⑨ 136 − 56

答えは 69ページ

月　　日

# 十のくらいに　くり下がる ひき算の　ひっ算

／100点

**1** ひき算（ざん）を　しましょう。　　1つ8〔64点（てん）〕

❶ $$\begin{array}{r} 186 \\ -\ \ 92 \\ \hline \end{array}$$

❷ $$\begin{array}{r} 118 \\ -\ \ 35 \\ \hline \end{array}$$

❸ $$\begin{array}{r} 153 \\ -\ \ 71 \\ \hline \end{array}$$

❹ $$\begin{array}{r} 125 \\ -\ \ 44 \\ \hline \end{array}$$

❺ $$\begin{array}{r} 139 \\ -\ \ 58 \\ \hline \end{array}$$

❻ $$\begin{array}{r} 127 \\ -\ \ 83 \\ \hline \end{array}$$

❼ $$\begin{array}{r} 164 \\ -\ \ 94 \\ \hline \end{array}$$

❽ $$\begin{array}{r} 142 \\ -\ \ 62 \\ \hline \end{array}$$

**2** ひき算を　ひっ算（さん）で　しましょう。　　1つ12〔36点〕

❶ 157−72

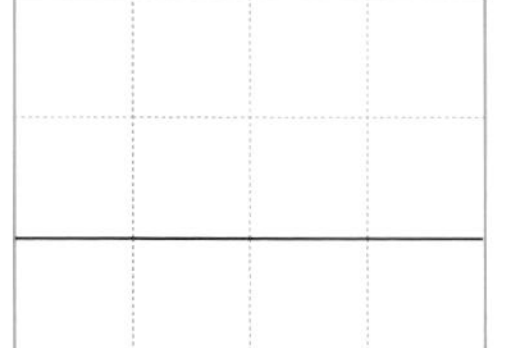

❷ 

❸ 113−43

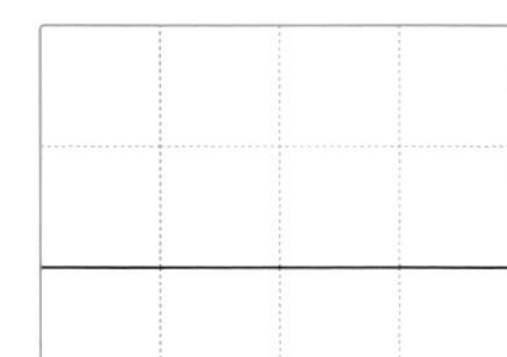



答えは
69ページ

月　日

# 一のくらい、十のくらいに くり下がる　ひき算の　ひっ算

／100点

**1** ひき算(ざん)を　しましょう。　1つ5〔10点(てん)〕

❶
$$\begin{array}{r} 176 \\ -\ \ 88 \\ \hline \end{array}$$

❶ 十のくらいから
1 くり下げる。
16−8＝8
❷ 1 くり下げたので
6。百のくらいから
1 くり下げる。
16−8＝8

❷
$$\begin{array}{r} 125 \\ -\ \ 59 \\ \hline \end{array}$$

**2** ひき算を　しましょう。　1つ10〔90点〕

❶
$$\begin{array}{r} 162 \\ -\ \ 85 \\ \hline \end{array}$$

❷
$$\begin{array}{r} 147 \\ -\ \ 99 \\ \hline \end{array}$$

❸
$$\begin{array}{r} 127 \\ -\ \ 68 \\ \hline \end{array}$$

❹
$$\begin{array}{r} 173 \\ -\ \ 87 \\ \hline \end{array}$$

❺
$$\begin{array}{r} 132 \\ -\ \ 54 \\ \hline \end{array}$$

❻
$$\begin{array}{r} 165 \\ -\ \ 97 \\ \hline \end{array}$$

❼
$$\begin{array}{r} 127 \\ -\ \ 29 \\ \hline \end{array}$$

❽
$$\begin{array}{r} 141 \\ -\ \ 82 \\ \hline \end{array}$$

❾
$$\begin{array}{r} 154 \\ -\ \ 58 \\ \hline \end{array}$$

答えは
69ページ

月　　日

# 一のくらい、十のくらいに くり下がる　ひき算の　ひっ算

／100点

## 1 ひき算(ざん)を　しましょう。

1つ8〔64点(てん)〕

❶ 141 − 77

❷ 162 − 95

❸ 136 − 57

❹ 165 − 89

❺ 151 − 64

❻ 187 − 99

❼ 132 − 38

❽ 191 − 93

## 2 ひき算を　ひっ算(さん)で　しましょう。

1つ12〔36点〕

❶ 133−46

❷ 155−88

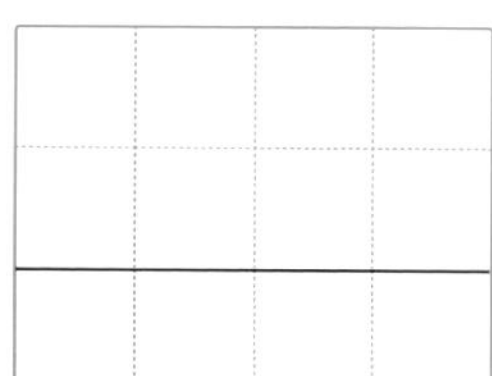

❸ 172−73

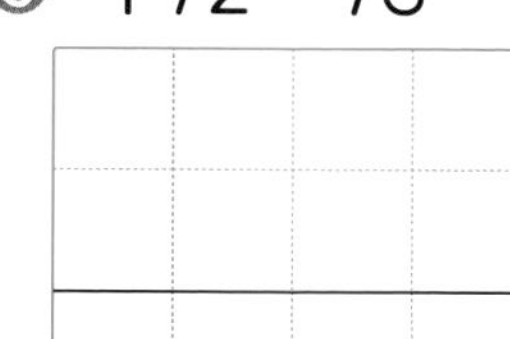



答えは
69ページ

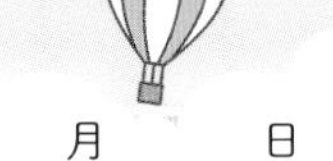

月　　日

# 一のくらいが　0の　数から ひく　ひき算の　ひっ算

／100点

## 1 ひき算を　しましょう。　1つ5〔10点〕

❶

| | | | |
|---|---|---|---|
| | 1 | 3 | 0 |
| − | | 5 | 2 |
| | | | |

1 十のくらいから
1 くり下げる。
10−2＝8
2 1 くり下げたので
2。百のくらいから
1 くり下げる。
12−5＝7

❷

| | | | |
|---|---|---|---|
| | 1 | 2 | 0 |
| − | | 6 | 4 |
| | | | |

## 2 ひき算を　しましょう。　1つ10〔90点〕

❶

| | | | |
|---|---|---|---|
| | 1 | 7 | 0 |
| − | | 8 | 1 |
| | | | |

❷

| | | | |
|---|---|---|---|
| | 1 | 5 | 0 |
| − | | 9 | 6 |
| | | | |

❸

| | | | |
|---|---|---|---|
| | 1 | 3 | 0 |
| − | | 7 | 9 |
| | | | |

❹

| | | | |
|---|---|---|---|
| | 1 | 4 | 0 |
| − | | 6 | 5 |
| | | | |

❺

| | | | |
|---|---|---|---|
| | 1 | 1 | 0 |
| − | | 7 | 8 |
| | | | |

❻

| | | | |
|---|---|---|---|
| | 1 | 6 | 0 |
| − | | 7 | 3 |
| | | | |

❼

| | | | |
|---|---|---|---|
| | 1 | 4 | 0 |
| − | | 9 | 7 |
| | | | |

❽

| | | | |
|---|---|---|---|
| | 1 | 2 | 0 |
| − | | 5 | 4 |
| | | | |

❾

| | | | |
|---|---|---|---|
| | 1 | 7 | 0 |
| − | | 9 | 2 |
| | | | |

答えは
69ページ

月　日

# 一のくらいが　0の　数から ひく　ひき算の　ひっ算

／100点

## 1 ひき算(ざん)を　しましょう。

1つ8〔64点(てん)〕

❶
$$\begin{array}{r} 120 \\ -\ \ 56 \\ \hline \end{array}$$

❷
$$\begin{array}{r} 180 \\ -\ \ 92 \\ \hline \end{array}$$

❸
$$\begin{array}{r} 150 \\ -\ \ 53 \\ \hline \end{array}$$

❹
$$\begin{array}{r} 140 \\ -\ \ 79 \\ \hline \end{array}$$

❺
$$\begin{array}{r} 110 \\ -\ \ 87 \\ \hline \end{array}$$

❻
$$\begin{array}{r} 170 \\ -\ \ 89 \\ \hline \end{array}$$

❼
$$\begin{array}{r} 110 \\ -\ \ 95 \\ \hline \end{array}$$

❽
$$\begin{array}{r} 130 \\ -\ \ 54 \\ \hline \end{array}$$

## 2 ひき算を　ひっ算(さん)で　しましょう。

1つ12〔36点〕

❶ 150−84

❷ 130−79

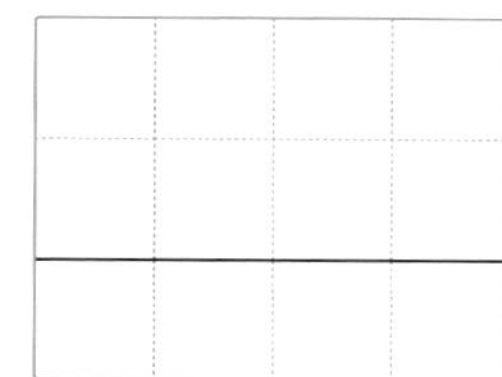

❸ 140−93

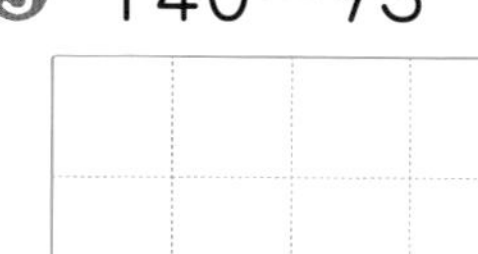



答えは 69ページ

月　　日

# 十のくらいが　0の　数から　ひく　ひき算の　ひっ算

／100点

## 1 ひき算(ざん)を　しましょう。　〔10点(てん)〕

| | | | |
|---|---|---|---|
| | 1 | 0 | 3 |
| − | | 7 | 5 |
| | | | |

2　1

1 十のくらいからは くり下げられないので、はじめに、百のくらいから 十のくらいに 1 くり下げる。
つぎに、十のくらいから 一のくらいに 1 くり下げる。13−5=8
2 1 くり下げたので 9。9−7=2

## 2 ひき算を　しましょう。　1つ10〔90点〕

❶

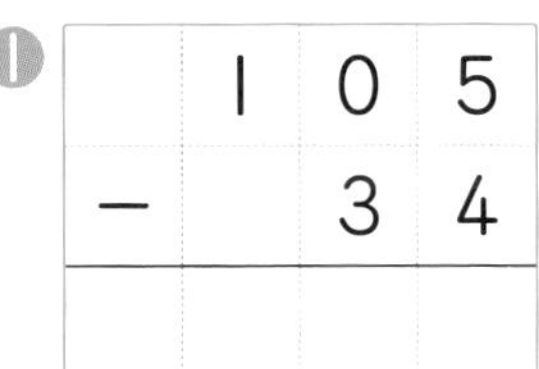

| | | | |
|---|---|---|---|
| | 1 | 0 | 5 |
| − | | 3 | 4 |
| | | | |

❷

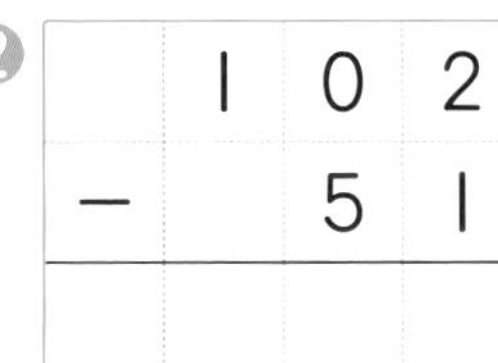

| | | | |
|---|---|---|---|
| | 1 | 0 | 2 |
| − | | 5 | 1 |
| | | | |

❸

| | | | |
|---|---|---|---|
| | 1 | 0 | 8 |
| − | | 8 | 6 |
| | | | |

❹

| | | | |
|---|---|---|---|
| | 1 | 0 | 4 |
| − | | 2 | 7 |
| | | | |

❺

| | | | |
|---|---|---|---|
| | 1 | 0 | 7 |
| − | | 6 | 9 |
| | | | |

❻

| | | | |
|---|---|---|---|
| | 1 | 0 | 6 |
| − | | | 8 |
| | | | |

❼

| | | | |
|---|---|---|---|
| | 1 | 0 | 1 |
| − | | | 7 |
| | | | |

❽

| | | | |
|---|---|---|---|
| | 1 | 0 | 0 |
| − | | 2 | 9 |
| | | | |

❾

| | | | |
|---|---|---|---|
| | 1 | 0 | 0 |
| − | | | 4 |
| | | | |

答えは 70ページ

月　　日

# 十のくらいが　0の　数から ひく　ひき算の　ひっ算

／100点

**1** ひき算(ざん)を　しましょう。　　1つ8〔64点(てん)〕

❶ $$\begin{array}{r} 107 \\ -\ \ 75 \\ \hline \end{array}$$

❷ $$\begin{array}{r} 102 \\ -\ \ 62 \\ \hline \end{array}$$

❸ $$\begin{array}{r} 105 \\ -\ \ 28 \\ \hline \end{array}$$

❹ $$\begin{array}{r} 106 \\ -\ \ 47 \\ \hline \end{array}$$

❺ $$\begin{array}{r} 104 \\ -\ \ 88 \\ \hline \end{array}$$

❻ $$\begin{array}{r} 108 \\ -\ \ \ 9 \\ \hline \end{array}$$

❼ $$\begin{array}{r} 100 \\ -\ \ 56 \\ \hline \end{array}$$

❽ $$\begin{array}{r} 100 \\ -\ \ \ 3 \\ \hline \end{array}$$

**2** ひき算を　ひっ算(さん)で　しましょう。　　1つ12〔36点〕

❶ 103−14

❷ 105−8

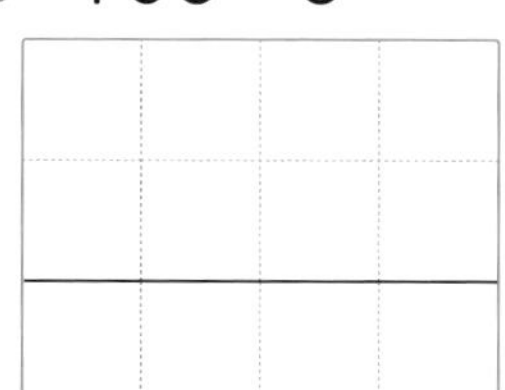

❸ 100−7

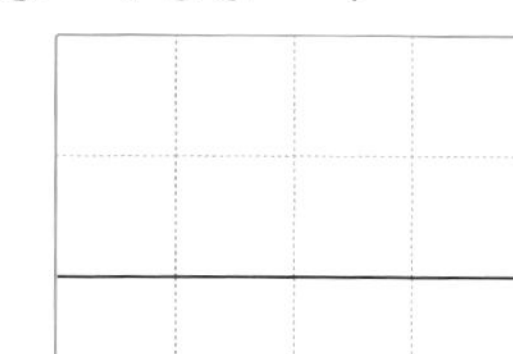



答えは
70ページ

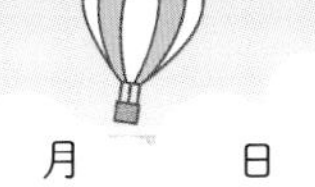

月　　日

# 3けたの　数の　たし算の　ひっ算 ①

／100点

## 1 たし算(ざん)を　しましょう。　1つ5〔10点(てん)〕

①

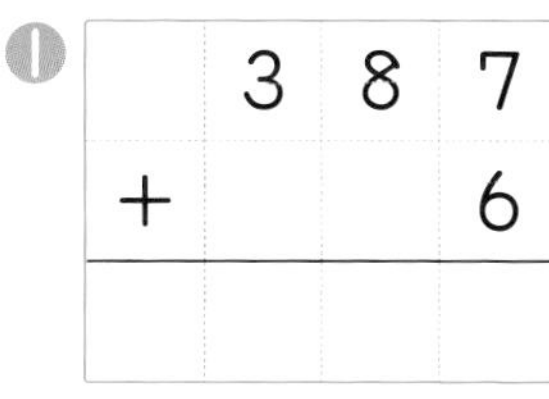


3 2 1

1 7＋6＝13
十のくらいに 1
くり上げる。
2 1＋8＝9
3 百のくらいを 書(か)く。

② 9 ＋ 608

## 2 たし算を　しましょう。　1つ10〔90点〕

①

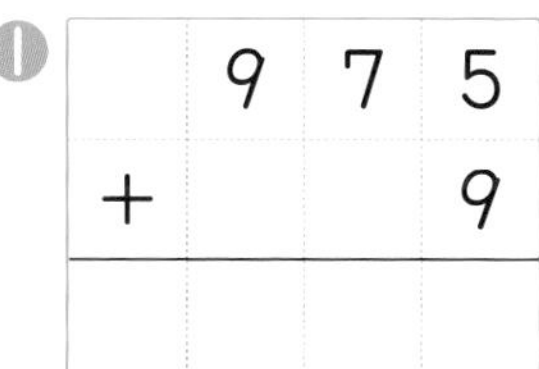


② 3 ＋ 518

③ 308 ＋ 4

④ 173 ＋ 9

⑤ 819 ＋ 3

⑥ 923 ＋ 7

⑦ 405 ＋ 8

⑧ 9 ＋ 601

⑨ 4 ＋ 256

答えは
70ページ

月　日

# 3けたの　数の　たし算の　ひっ算 ①

／100点

**1** たし算(ざん)を　しましょう。　1つ8〔64点(てん)〕

❶ $\begin{array}{r} 244 \\ +\ \ 9 \\ \hline \end{array}$　❷ $\begin{array}{r} 562 \\ +\ \ 9 \\ \hline \end{array}$　❸ $\begin{array}{r} 303 \\ +\ \ 9 \\ \hline \end{array}$

❹ $\begin{array}{r} 504 \\ +\ \ 6 \\ \hline \end{array}$　❺ $\begin{array}{r} 8 \\ +445 \\ \hline \end{array}$　❻ $\begin{array}{r} 5 \\ +826 \\ \hline \end{array}$

❼ $\begin{array}{r} 8 \\ +207 \\ \hline \end{array}$　❽ $\begin{array}{r} 2 \\ +308 \\ \hline \end{array}$

**2** たし算を　ひっ算(さん)で　しましょう。　1つ12〔36点〕

❶ 645＋8　❷ 7＋604　❸ 402＋8

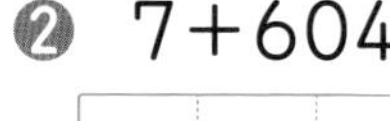

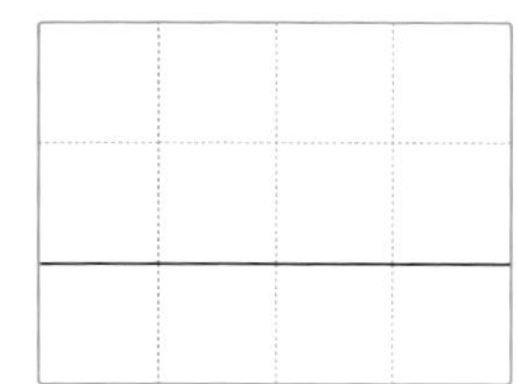



答えは
70ページ

月　　日

# 3けたの　数の　たし算の　ひっ算 ②

／100点

**1** たし算(ざん)を　しましょう。　1つ5〔10点(てん)〕

❶

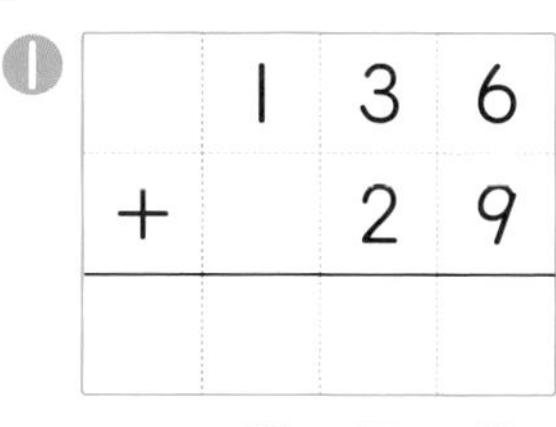


1 6+9=15
十のくらいに 1
くり上げる。
2 1+3+2=6
3 百のくらいを 書(か)く。

❷

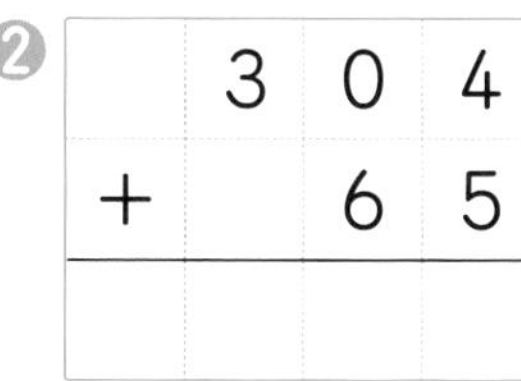


**2** たし算を　しましょう。　1つ10〔90点〕

❶ $\begin{array}{r} 147 \\ +\ 46 \\ \hline \end{array}$

❷ $\begin{array}{r} 421 \\ +\ 58 \\ \hline \end{array}$

❸ $\begin{array}{r} 45 \\ +\ 706 \\ \hline \end{array}$

❹ $\begin{array}{r} 256 \\ +\ 24 \\ \hline \end{array}$

❺ $\begin{array}{r} 427 \\ +\ 38 \\ \hline \end{array}$

❻ $\begin{array}{r} 17 \\ +\ 563 \\ \hline \end{array}$

❼ $\begin{array}{r} 603 \\ +\ 88 \\ \hline \end{array}$

❽ $\begin{array}{r} 27 \\ +\ 535 \\ \hline \end{array}$

❾ $\begin{array}{r} 216 \\ +\ 24 \\ \hline \end{array}$

答えは
70ページ

月　　日

# 3けたの　数の　たし算の　ひっ算 ②

／100点

## 1 たし算(ざん)を　しましょう。

1つ8〔64点(てん)〕

❶ $\begin{array}{r} 261 \\ +\ \ 34 \\ \hline \end{array}$

❷ $\begin{array}{r} 12 \\ +680 \\ \hline \end{array}$

❸ $\begin{array}{r} 906 \\ +\ \ 48 \\ \hline \end{array}$

❹ $\begin{array}{r} 757 \\ +\ \ 23 \\ \hline \end{array}$

❺ $\begin{array}{r} 847 \\ +\ \ 36 \\ \hline \end{array}$

❻ $\begin{array}{r} 38 \\ +328 \\ \hline \end{array}$

❼ $\begin{array}{r} 65 \\ +305 \\ \hline \end{array}$

❽ $\begin{array}{r} 152 \\ +\ \ 18 \\ \hline \end{array}$

## 2 たし算を　ひっ算(さん)で　しましょう。

1つ12〔36点〕

❶ 324+57

❷ 19+438

❸ 232+58

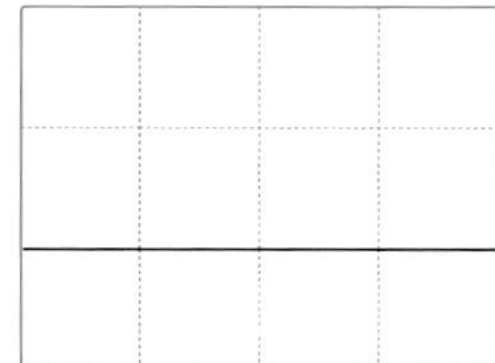

答えは
70ページ

月　　日

# 3けたの　数の　ひき算の　ひっ算 ①

／100点

## 1 ひき算を　しましょう。　1つ5〔10点〕

❶

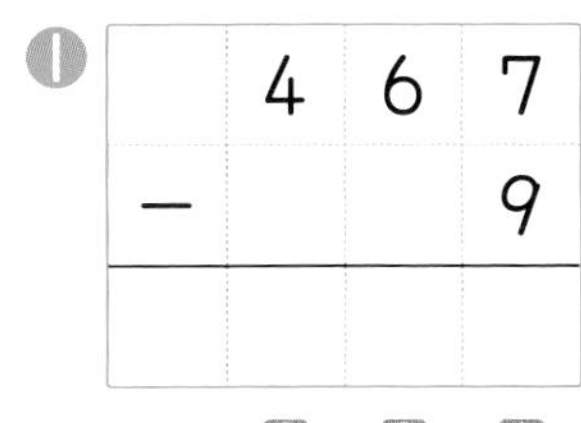

$$\begin{array}{r} 467 \\ -\phantom{0}9 \\ \hline \end{array}$$

3　2　1

1 十のくらいから 1 くり下げる。
17－9＝8
2 1くり下げたので 5。
3 百のくらいを 書く。

❷

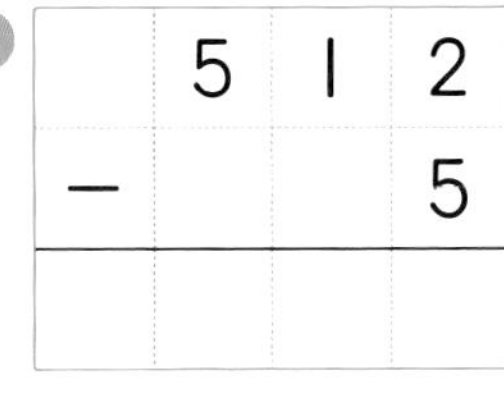

$$\begin{array}{r} 512 \\ -\phantom{0}5 \\ \hline \end{array}$$

## 2 ひき算を　しましょう。　1つ10〔90点〕

❶

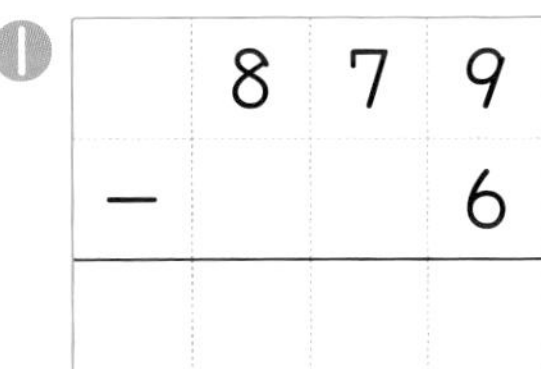

$$\begin{array}{r} 879 \\ -\phantom{0}6 \\ \hline \end{array}$$

❷

$$\begin{array}{r} 646 \\ -\phantom{0}8 \\ \hline \end{array}$$

❸

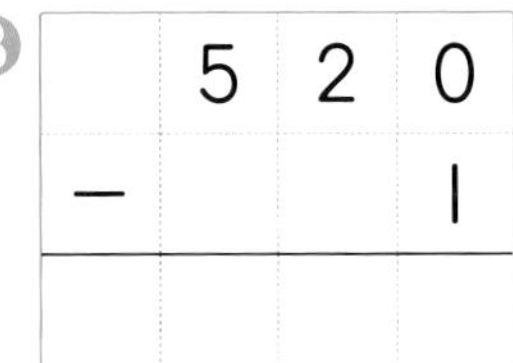

$$\begin{array}{r} 520 \\ -\phantom{0}1 \\ \hline \end{array}$$

❹

$$\begin{array}{r} 138 \\ -\phantom{0}9 \\ \hline \end{array}$$

❺

$$\begin{array}{r} 314 \\ -\phantom{0}5 \\ \hline \end{array}$$

❻

$$\begin{array}{r} 573 \\ -\phantom{0}9 \\ \hline \end{array}$$

❼

$$\begin{array}{r} 421 \\ -\phantom{0}5 \\ \hline \end{array}$$

❽

$$\begin{array}{r} 710 \\ -\phantom{0}4 \\ \hline \end{array}$$

❾

$$\begin{array}{r} 695 \\ -\phantom{0}8 \\ \hline \end{array}$$

答えは
70ページ

月　　日

# 3けたの　数の　ひき算の　ひっ算 ①

／100点

**1** ひき算(ざん)を　しましょう。　1つ8〔64点(てん)〕

❶
$$\begin{array}{r} 248 \\ -\quad 4 \\ \hline \end{array}$$

❷
$$\begin{array}{r} 736 \\ -\quad 9 \\ \hline \end{array}$$

❸
$$\begin{array}{r} 350 \\ -\quad 3 \\ \hline \end{array}$$

❹
$$\begin{array}{r} 561 \\ -\quad 5 \\ \hline \end{array}$$

❺
$$\begin{array}{r} 253 \\ -\quad 8 \\ \hline \end{array}$$

❻
$$\begin{array}{r} 930 \\ -\quad 8 \\ \hline \end{array}$$

❼
$$\begin{array}{r} 410 \\ -\quad 6 \\ \hline \end{array}$$

❽
$$\begin{array}{r} 915 \\ -\quad 6 \\ \hline \end{array}$$

**2** ひき算を　ひっ算(さん)で　しましょう。　1つ12〔36点〕

❶ 173－7

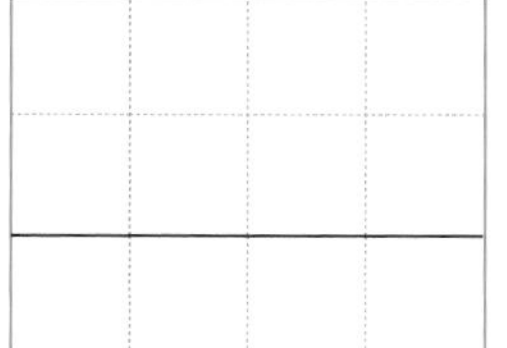

❷ 670－6

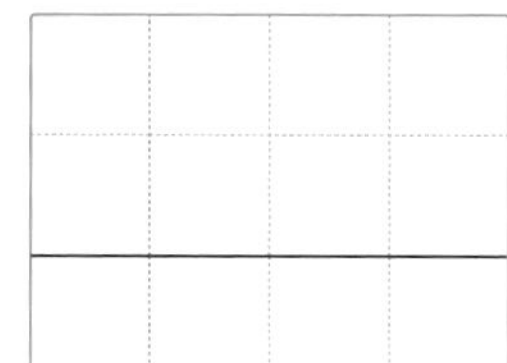

❸ 810－9

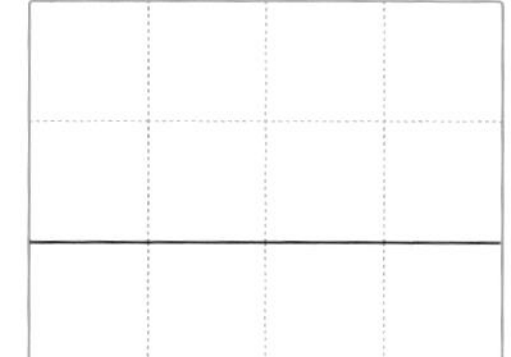



答えは
70ページ

月　　日

# 3けたの　数の　ひき算の　ひっ算 ②

／100点

**1** ひき算(ざん)を　しましょう。　　1つ5〔10点(てん)〕

❶

| | 3 | 6 | 4 |
|---|---|---|---|
| − | | 2 | 8 |
| | | | |

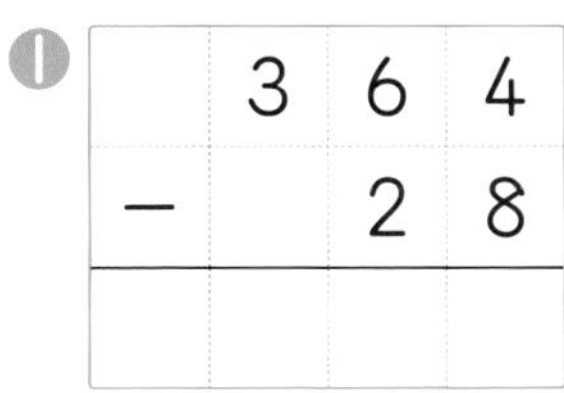

■1 十のくらいから 1 くり下げる。
14−8=6
■2 1 くり下げたから
5−2=3
■3 百のくらいを 書(か)く。

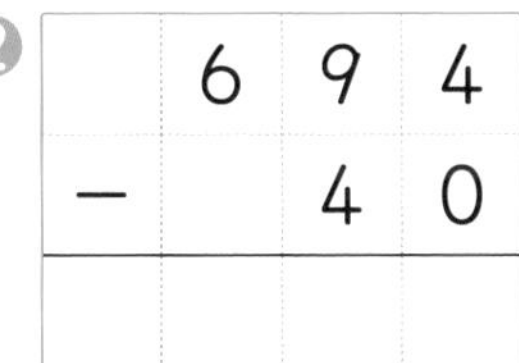

❷

| | 2 | 8 | 5 |
|---|---|---|---|
| − | | 5 | 7 |
| | | | |

**2** ひき算を　しましょう。　　1つ10〔90点〕

❶

| | 7 | 9 | 8 |
|---|---|---|---|
| − | | 7 | 3 |
| | | | |

❷

| | 6 | 9 | 4 |
|---|---|---|---|
| − | | 4 | 0 |
| | | | |

❸

| | 5 | 4 | 6 |
|---|---|---|---|
| − | | 3 | 8 |
| | | | |

❹

| | 9 | 7 | 3 |
|---|---|---|---|
| − | | 6 | 6 |
| | | | |

❺

| | 8 | 5 | 2 |
|---|---|---|---|
| − | | 1 | 8 |
| | | | |

❻

| | 8 | 3 | 0 |
|---|---|---|---|
| − | | 1 | 5 |
| | | | |

❼

| | 2 | 9 | 3 |
|---|---|---|---|
| − | | 7 | 8 |
| | | | |

❽

| | 2 | 7 | 4 |
|---|---|---|---|
| − | | 3 | 8 |
| | | | |

❾

| | 4 | 6 | 0 |
|---|---|---|---|
| − | | 2 | 6 |
| | | | |

答えは
71ページ

月　日

# 3けたの　数の　ひき算の　ひっ算 ②

／100点

**1** ひき算(ざん)を　しましょう。　1つ8〔64点(てん)〕

❶
```
  653
-  21
```

❷
```
  473
-  58
```

❸
```
  960
-  37
```

❹
```
  762
-  53
```

❺
```
  182
-  76
```

❻
```
  241
-  25
```

❼
```
  540
-  35
```

❽
```
  827
-  28
```

**2** ひき算を　ひっ算(さん)で　しましょう。　1つ12〔36点〕

❶ 734－19　❷ 864－57　❸ 440－13

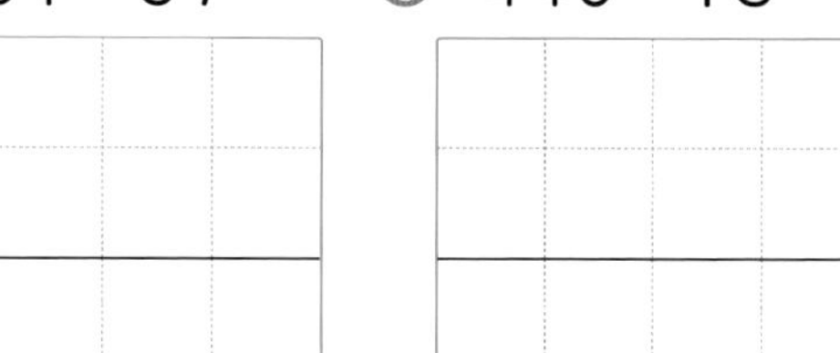



答えは
71ページ

月　日

# 10000までの　数

／100点

## 1 数字(すうじ)で　書(か)きましょう。　1つ10〔40点(てん)〕

❶

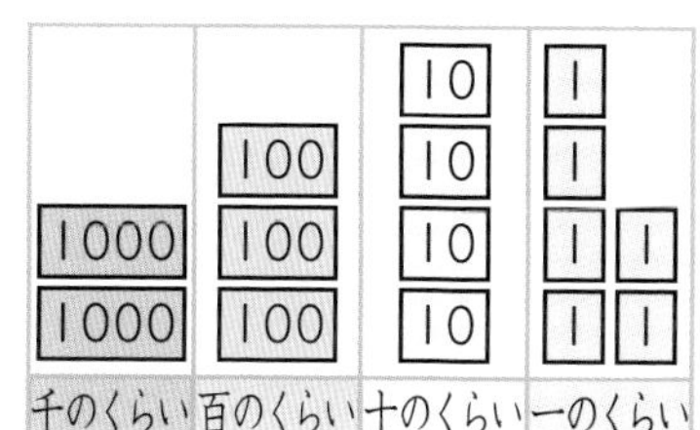


(　　　　)

❷

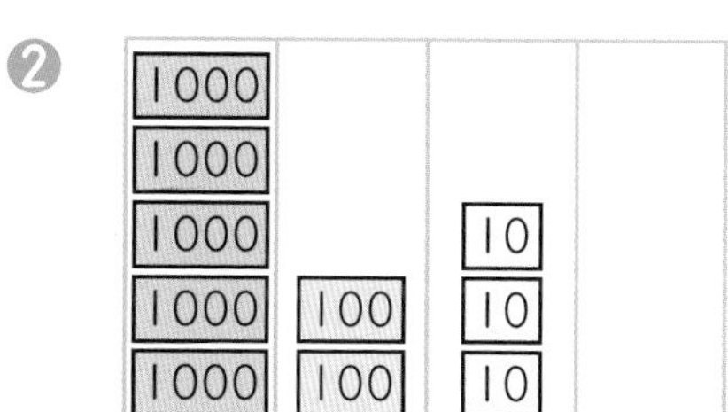


(　　　　)

❸ 三千五百九十八

(　　　　)

❹ 九千五

(　　　　)

## 2 □に　あう　数(かず)を　書きましょう。　1つ20〔60点〕

❶ 1000を　5こ、10を　9こ、1を　4こ

あわせた　数は、□です。

❷ 3905は、1000を□こ、100を□こ、

1を□こ　あわせた　数です。

❸ 100を　25こ　あつめた　数は

□です。

答えは
71ページ

月　　日

# 10000までの　数

／100点

**1** □に　あう　数を　書きましょう。　1つ10〔40点〕

❶ 5080は、□を　5こ、□を　8こ　あわせた数です。

❷ 1600は、100を　□こ　あつめた　数です。

❸ □を　10こ　あつめた　数は　10000です。

❹ 3700―3800―□―□―4100

**2** つぎの　数を　(　)に　書きましょう。　1つ10〔20点〕

❶ 4009より　1　大きい　数　(　　)

❷ 10000より　1　小さい　数　(　　)

**3** □に　あてはまる　>、<を　書きましょう。　1つ10〔40点〕

❶ 7000 □ 6890　❷ 4000 □ 4067

❸ 3276 □ 3095　❹ 9152 □ 9151



答えは 71ページ

月　日

# 何百の　計算

／100点

**1** あわせると　何円(なんえん)でしょう。　1つ20〔60点(てん)〕

❶

【しき】500＋600＝□　答(こた)え（　　）円

❷

【しき】900＋300＝□　答え（　　）円

❸

【しき】700＋700＝□　答え（　　）円

**2** のこりは　何円でしょう。　1つ20〔40点〕

❶

【しき】1000－500＝□　答え（　　）円

❷

【しき】1500－900＝□　答え（　　）円

答えは
71ページ

月　日

# 何百の　計算

／100点

**1** たし算(ざん)を　しましょう。　1つ5〔50点(てん)〕

❶ 700＋400　❷ 800＋500

❸ 600＋700　❹ 900＋800

❺ 200＋900　❻ 500＋900

❼ 700＋800　❽ 900＋900

❾ 800＋800　❿ 600＋600

**2** ひき算を　しましょう。　1つ5〔50点〕

❶ 1000－700　❷ 1000－800

❸ 1000－100　❹ 1000－200

❺ 1000－400　❻ 1400－700

❼ 1100－600　❽ 1500－800

❾ 1800－900　❿ 1700－800



答えは
71ページ

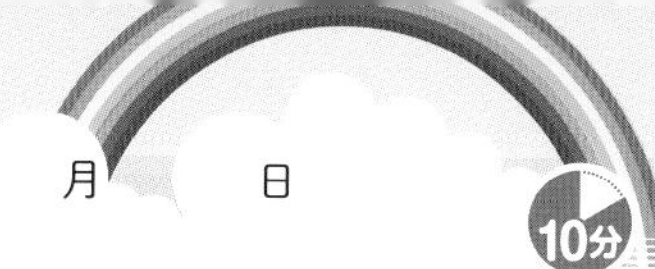

月　日

# 力だめし ①

／100点

**1** 計算(けいさん)を　しましょう。　1つ5〔20点(てん)〕

❶ 10+50　❷ 80+20

❸ 60−40　❹ 100−70

**2** たし算(ざん)を　しましょう。　1つ10〔30点〕

❶ 54 + 32

❷ 68 + 15

❸ 29 + 3

**3** ひき算を　しましょう。　1つ10〔30点〕

❶ 48 − 25

❷ 76 − 29

❸ 98 − 9

**4** ひっ算で　して、答(こた)えの　たしかめも　しましょう。

1つ10〔20点〕

❶ 17+77

【ひっ算】　【たしかめ】

❷ 84−76

【ひっ算】　【たしかめ】

答えは
71ページ

月　日　10分

# 力だめし ②

／100点

**1** 数字で　書きましょう。　1つ7〔42点〕

❶ 百六十三（　　）　❷ 七百四十六（　　）

❸ 八百五十（　　）　❹ 三百九（　　）

❺ 100を　5こ、10を　3こ、1を　8こ　あわせた　数（　　）

❻ 10を　43こ　あつめた　数（　　）

**2** 計算を　しましょう。❼❽は、くふうして計算しましょう。　1つ5〔40点〕

❶ 50＋80　❷ 160－90

❸ 700＋100　❹ 800－500

❺ 600＋40　❻ 903－3

❼ 36＋5＋5　❽ 23＋18＋12

**3** ひっ算で　しましょう。　1つ9〔18点〕

❶ 16＋28＋37　❷ 58－21－18



答えは72ページ

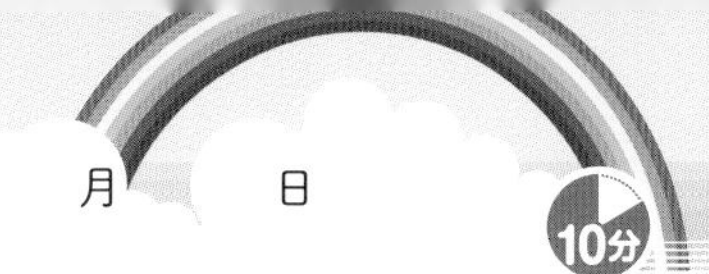

月　日

10分

# 力だめし ③

／100点

**1** たし算(ざん)を　しましょう。　1つ7〔42点(てん)〕

❶ $\begin{array}{r} 72 \\ +\ 64 \\ \hline \end{array}$

❷ $\begin{array}{r} 29 \\ +\ 87 \\ \hline \end{array}$

❸ $\begin{array}{r} 95 \\ +\ \ 7 \\ \hline \end{array}$

❹ $\begin{array}{r} 623 \\ +\ \ \ 4 \\ \hline \end{array}$

❺ $\begin{array}{r} 8 \\ +\ 406 \\ \hline \end{array}$

❻ $\begin{array}{r} 249 \\ +\ \ 36 \\ \hline \end{array}$

**2** ひき算を　しましょう。　1つ7〔42点〕

❶ $\begin{array}{r} 164 \\ -\ \ 71 \\ \hline \end{array}$

❷ $\begin{array}{r} 147 \\ -\ \ 48 \\ \hline \end{array}$

❸ $\begin{array}{r} 100 \\ -\ \ 65 \\ \hline \end{array}$

❹ $\begin{array}{r} 372 \\ -\ \ \ 7 \\ \hline \end{array}$

❺ $\begin{array}{r} 581 \\ -\ \ 24 \\ \hline \end{array}$

❻ $\begin{array}{r} 660 \\ -\ \ 52 \\ \hline \end{array}$

**3** ひっ算(さん)で　しましょう。　1つ8〔16点〕

❶ 32＋96

❷ 107－29

答えは
72ページ

# 力だめし ④

／100点

**1** □に　あう　数(かず)を　書(か)きましょう。　1つ8〔40点(てん)〕

❶ 1000を　4こ、100を　7こ、10を　5こ、1を　3こ　あわせた　数は、□です。

❷ 千のくらいが　7、百のくらいが　3、十のくらいが　0、一のくらいが　4の　数は、□です。

❸ 100を　32こ　あつめた　数は、□です。

❹ 6400は、100を　□こ　あつめた　数です。

❺ 9950　9960　□　9980　9990　□

**2** 計算(けいさん)を　しましょう。　1つ10〔60点〕

❶ 600＋800　　❷ 500＋700

❸ 900＋400　　❹ 1000－900

❺ 1300－500　　❻ 1100－800



答えは 72ページ

## 1　3・4ページ

**1** ① 90　② 60
③ 70　④ 80
⑤ 100　⑥ 100
⑦ 39　⑧ 95
⑨ 82　⑩ 48

**2** ① 40　② 30
③ 10　④ 10
⑤ 10　⑥ 50
⑦ 70　⑧ 60
⑨ 20　⑩ 50

★ ★ ★

**1** ① 58　② 28
③ 88　④ 39
⑤ 49　⑥ 99
⑦ 66　⑧ 76
⑨ 89　⑩ 59

**2** ① 56　② 36
③ 96　④ 24
⑤ 44　⑥ 84
⑦ 72　⑧ 52
⑨ 62　⑩ 22

**てびき**　1年生で学習した、たし算・ひき算の復習です。間違えたところは、計算のしかたを確認しておきましょう。

## 2　5・6ページ

**1** ① 36　② 83

**2** ① 58　② 79　③ 90
④ 59　⑤ 88　⑥ 49
⑦ 98　⑧ 79　⑨ 55

★ ★ ★

**1** ① 67　② 46　③ 96
④ 99　⑤ 89　⑥ 80
⑦ 38　⑧ 84

**2** ① $\begin{array}{r} 23 \\ +65 \\ \hline 88 \end{array}$　② $\begin{array}{r} 40 \\ +27 \\ \hline 67 \end{array}$　③ $\begin{array}{r} 3 \\ +51 \\ \hline 54 \end{array}$

## 3　7・8ページ

**1** ① 77　② 45

**2** ① 72　② 80　③ 68
④ 80　⑤ 24　⑥ 73
⑦ 97　⑧ 52　⑨ 31

★ ★ ★

**1** ① 93　② 85　③ 80
④ 40　⑤ 42　⑥ 96
⑦ 80　⑧ 60

**2** ① $\begin{array}{r} 37 \\ +46 \\ \hline 83 \end{array}$　② $\begin{array}{r} 15 \\ +35 \\ \hline 50 \end{array}$　③ $\begin{array}{r} 8 \\ +29 \\ \hline 37 \end{array}$

## 4　9・10ページ

1▶ ❶ 32　❷ 24

2▶ ❶ 12　❷ 23　❸ 14
❹ 20　❺ 50　❻ 2
❼ 4　❽ 45　❾ 30

★ ★ ★

1▶ ❶ 23　❷ 17　❸ 30
❹ 30　❺ 2　❻ 3
❼ 82　❽ 50

2▶ ❶ 59−16＝43　❷ 78−73＝5　❸ 87−5＝82

てびき　次のようなところが、間違えやすいポイントです。

1▶ ❷ 57−40＝1?　7−0＝7 だから ←7 を書く。

❸ 64−34＝3　←一の位に 0 を書く。

❹ 80−50＝3?　0−0＝0 だから ←0 を書く。

❻ 93−90＝03　十の位の 0 は ←書かない。

2▶ ❸ 87−5＝37　←位を揃えて書く。

## 5　11・12ページ

1▶ ❶ 25　❷ 28

2▶ ❶ 59　❷ 19　❸ 26
❹ 9　❺ 6　❻ 59
❼ 15　❽ 23　❾ 8

てびき　次のようなところが、間違えやすいポイントです。

1▶ ❷ 40（4を消して3）−12＝2?　10−2＝8 だから ←8 を書く。

2▶ ❹ 21（2を消して1）−12＝09　十の位の 0 は ←書かない。

★ ★ ★

1▶ ❶ 24　❷ 19　❸ 62
❹ 39　❺ 6　❻ 1
❼ 39　❽ 9

2▶ ❶ 93−45＝48　❷ 34−28＝6　❸ 70−42＝28

## 6　13・14ページ

1▶ ❶ 28　❷ 32

2▶ ❶ 15　❷ 37　❸ 65
❹ 78　❺ 84　❻ 67
❼ 89　❽ 43　❾ 44

★ ★ ★

1▶ ❶ 29　❷ 46　❸ 65
❹ 17　❺ 38　❻ 19
❼ 37　❽ 53

2▶ ❶ 68−9＝59　❷ 73−8＝65　❸ 90−9＝81

## 7

15・16ページ

1▶
```
  34    25
 +25   +34
  59    59
```

2▶ ❶
```
  72     6
 + 6   +72
  78    78
```
❷
```
  32    49
 +49   +32
  81    81
```
❸
```
  33     9
 + 9   +33
  42    42
```
❹
```
   8    75
 +75   + 8
  83    83
```

てびき 2▶ 2つの数を入れかえて計算し、入れかえる前と答えが同じになっているかを確認します。

★ ★ ★

1▶
```
  59    27
 -32   +32
  27    59
```

2▶ ❶
```
  69    64
 - 5   + 5
  64    69
```
❷
```
  43    14
 -29   +29
  14    43
```
❸
```
  91    83
 - 8   + 8
  83    91
```
❹
```
  70    63
 - 7   + 7
  63    70
```

## 8

17・18ページ

1▶ ❶ 530　❷ 301

2▶ ❶ 472　❷ 250

❸ 990　❹ 680

❺ 850、920、1000

てびき 1▶ ❷31と書く間違いが多い問題です。十の位の0を忘れないようにしましょう。

★ ★ ★

1▶ ❶ 2、7、8　❷ 549

❸ 0　❹ 76

2▶ ❶ 100　❷ 10

3▶ ❶ 101に○

❷ 376に○

❸ 570に○

❹ 807に○

❺ 806に○

❻ 969に○

てびき 3▶ ❷～❻まず、いちばん大きい百の位の数字を比べます。❷のように百の位の数字が同じであれば次は十の位の数字を比べ、それも同じなら一の位の数字を比べます。

## 9

19・20ページ

1▶ 120、120

2▶ ❶ 110　❷ 120

❸ 140　❹ 130

3▶ 60、60

4▶ ❶ 30　❷ 90

❸ 90　❹ 70

★ ★ ★

1 ❶ 150 ❷ 130
❸ 140 ❹ 170
❺ 110 ❻ 90
❼ 80 ❽ 80
❾ 70 ❿ 80

## 10

21・22ページ

1 ❶ 700、700
❷ 250、250
❸ 704、704
2 ❶ 400、400
❷ 500、500

★ ★ ★

1 ❶ 900 ❷ 700
❸ 400 ❹ 800
❺ 920 ❻ 560
❼ 780 ❽ 305
❾ 602 ❿ 807
2 ❶ 600 ❷ 100
❸ 300 ❹ 300
❺ 400 ❻ 600
❼ 300 ❽ 800
❾ 700 ❿ 500

てびき **きほん 10** のように、百円玉・十円玉・一円玉を使って考えるとよいでしょう。

1 ❶ 600 →百円玉 6 つ
300 →百円玉 3 つ　と考えて、
あわせて百円玉 9 つだから、
答えは 900 です。

## 11

23・24ページ

1 ❶ 14、18 ❷ 10、18
2 ❶ 100、180 ❷ 40、49
❸ 10、17 ❹ 30、77

★ ★ ★

1 ❶ 48 ❷ 79
❸ 180 ❹ 170
2 ❶ 29 ❷ 52
❸ 46 ❹ 84
❺ 87 ❻ 77

てびき 2 3 つの数のうち、たすと「何十」になる数を見つけて先に計算すると、計算を間違えにくくなります。

❶〜❸●+▲+■のうち▲と■で「何十」となるたし算です。

❹〜❻●+▲+■のうち●と■で「何十」となるたし算です。

## 12

25・26ページ

1 ❶ 13、23 ❷ 3、20、23
❸ 5、25 ❹ 2、30、25

★ ★ ★

1 ❶ 23 ❷ 51
❸ 47 ❹ 75
❺ 63 ❻ 81
2 ❶ 58 ❷ 38
❸ 64 ❹ 44
❺ 27 ❻ 87
❼ 78 ❽ 19

## 13　27・28ページ

**1** ❶ 75

❷ $\begin{array}{r} 31\\ 26\\ +12\\ \hline 69 \end{array}$　❸ $\begin{array}{r} 29\\ 17\\ +45\\ \hline 91 \end{array}$

❹ $\begin{array}{r} 15\\ 43\\ +21\\ \hline 79 \end{array}$　❺ $\begin{array}{r} 36\\ 19\\ +38\\ \hline 93 \end{array}$

❻ $\begin{array}{r} 23\\ 34\\ +13\\ \hline 70 \end{array}$　❼ $\begin{array}{r} 16\\ 47\\ +28\\ \hline 91 \end{array}$

**てびき** **1** ❸一の位の計算

9＋7＋5＝21 より、十の位にくり上がるのは 2 です。

★ ★ ★

**1** ❶ $\begin{array}{r} 23\\ 14\\ +51\\ \hline 88 \end{array}$　❷ $\begin{array}{r} 50\\ 17\\ +30\\ \hline 97 \end{array}$

❸ $\begin{array}{r} 15\\ 32\\ +11\\ \hline 58 \end{array}$　❹ $\begin{array}{r} 26\\ 10\\ +45\\ \hline 81 \end{array}$

❺ $\begin{array}{r} 43\\ 25\\ +16\\ \hline 84 \end{array}$　❻ $\begin{array}{r} 34\\ 28\\ +37\\ \hline 99 \end{array}$

❼ $\begin{array}{r} 16\\ 32\\ +28\\ \hline 76 \end{array}$　❽ $\begin{array}{r} 28\\ 15\\ +39\\ \hline 82 \end{array}$

❾ $\begin{array}{r} 27\\ 27\\ +26\\ \hline 80 \end{array}$　❿ $\begin{array}{r} 19\\ 57\\ +18\\ \hline 94 \end{array}$

## 14　29・30ページ

**1** ❶ 21

❷ $\begin{array}{r} 54\\ -12\\ \hline 42 \end{array} \rightarrow \begin{array}{r} 42\\ -17\\ \hline 25 \end{array}$　❸ $\begin{array}{r} 48\\ -25\\ \hline 23 \end{array} \rightarrow \begin{array}{r} 23\\ -11\\ \hline 12 \end{array}$

❹ $\begin{array}{r} 65\\ -26\\ \hline 39 \end{array} \rightarrow \begin{array}{r} 39\\ -26\\ \hline 13 \end{array}$　❺ $\begin{array}{r} 97\\ -29\\ \hline 68 \end{array} \rightarrow \begin{array}{r} 68\\ -38\\ \hline 30 \end{array}$

❻ $\begin{array}{r} 78\\ -33\\ \hline 45 \end{array} \rightarrow \begin{array}{r} 45\\ -19\\ \hline 26 \end{array}$　❼ $\begin{array}{r} 45\\ -16\\ \hline 29 \end{array} \rightarrow \begin{array}{r} 29\\ -23\\ \hline 6 \end{array}$

**てびき** **きほん** 13・**かくにん** 13 のような●＋▲＋■の計算は 1 つの筆算にまとめることができますが、●－▲－■や、このあとに出てくる●＋▲－■、●－▲＋■は、1 つの筆算にまとめようとはせず、筆算を 2 回することで計算していきましょう。

★ ★ ★

**1** ❶ $\begin{array}{r} 67\\ -25\\ \hline 42 \end{array} \rightarrow \begin{array}{r} 42\\ -21\\ \hline 21 \end{array}$　❷ $\begin{array}{r} 79\\ -13\\ \hline 66 \end{array} \rightarrow \begin{array}{r} 66\\ -45\\ \hline 21 \end{array}$

❸ $\begin{array}{r} 86\\ -32\\ \hline 54 \end{array} \rightarrow \begin{array}{r} 54\\ -12\\ \hline 42 \end{array}$　❹ $\begin{array}{r} 58\\ -24\\ \hline 34 \end{array} \rightarrow \begin{array}{r} 34\\ -18\\ \hline 16 \end{array}$

❺ $\begin{array}{r} 95\\ -41\\ \hline 54 \end{array} \rightarrow \begin{array}{r} 54\\ -37\\ \hline 17 \end{array}$　❻ $\begin{array}{r} 42\\ -18\\ \hline 24 \end{array} \rightarrow \begin{array}{r} 24\\ -13\\ \hline 11 \end{array}$

❼ $\begin{array}{r} 76\\ -38\\ \hline 38 \end{array} \rightarrow \begin{array}{r} 38\\ -21\\ \hline 17 \end{array}$　❽ $\begin{array}{r} 83\\ -27\\ \hline 56 \end{array} \rightarrow \begin{array}{r} 56\\ -29\\ \hline 27 \end{array}$

❾ $\begin{array}{r} 65\\ -39\\ \hline 26 \end{array} \rightarrow \begin{array}{r} 26\\ -17\\ \hline 9 \end{array}$　❿ $\begin{array}{r} 53\\ -19\\ \hline 34 \end{array} \rightarrow \begin{array}{r} 34\\ -26\\ \hline 8 \end{array}$

## 15

31・32ページ

1 ① 38

② $71 - 38 = 33$ → $33 + 29 = 62$

③ $47 + 31 = 78$ → $78 - 24 = 54$

④ $46 + 9 = 55$ → $55 - 22 = 33$

⑤ $68 + 27 = 95$ → $95 - 59 = 36$

⑥ $54 - 37 = 17$ → $17 + 68 = 85$

⑦ $84 - 45 = 39$ → $39 + 16 = 55$

てびき 1 くり上がりやくり下がりに注意して計算しましょう。

④ $46 + 9$ 左のように書かず、位を揃えて筆算をしましょう。

★ ★ ★

1 ① $24 + 43 = 67$ → $67 - 16 = 51$

② $37 + 51 = 88$ → $88 - 23 = 65$

③ $29 + 18 = 47$ → $47 - 27 = 20$

④ $52 + 34 = 86$ → $86 - 49 = 37$

⑤ $67 + 24 = 91$ → $91 - 86 = 5$

⑥ $75 - 43 = 32$ → $32 + 26 = 58$

⑦ $48 - 27 = 21$ → $21 + 34 = 55$

⑧ $56 - 32 = 24$ → $24 + 47 = 71$

⑨ $92 - 35 = 57$ → $57 + 27 = 84$

⑩ $84 - 47 = 37$ → $37 + 28 = 65$

## 16

33・34ページ

1 ① 149 ② 112

2 ① 127 ② 134 ③ 174
④ 188 ⑤ 127 ⑥ 136
⑦ 166 ⑧ 157 ⑨ 112

★ ★ ★

1 ① 179 ② 125 ③ 139
④ 156 ⑤ 187 ⑥ 141
⑦ 116 ⑧ 163

2 ① $61 + 56 = 117$ ② $98 + 40 = 138$ ③ $70 + 79 = 149$

## 17

35・36ページ

1 ① 132 ② 110

2 ① 121 ② 174 ③ 122
④ 161 ⑤ 163 ⑥ 123
⑦ 150 ⑧ 140 ⑨ 180

★ ★ ★

1 ① 162 ② 121 ③ 151
④ 133 ⑤ 174 ⑥ 120
⑦ 130 ⑧ 140

2 ① $87 + 94 = 181$ ② $79 + 37 = 116$ ③ $95 + 65 = 160$

てびき 一の位の計算で１くり上がり、十の位の計算でも１くり上がる計算です。一の位からくり上がった１を十の位でたし忘れたり、百の位にくり上げるのを忘れたりしやすいので、注意しましょう。

## 18

37・38ページ

1 ❶ 105　❷ 105

2 ❶ 106　❷ 106　❸ 100
❹ 101　❺ 103　❻ 100
❼ 104　❽ 105　❾ 100

★ ★ ★

1 ❶ 106　❷ 102
❸ 103　❹ 100
❺ 101　❻ 104
❼ 100　❽ 100

2 ❶ $\begin{array}{r} 46 \\ +59 \\ \hline 105 \end{array}$　❷ $\begin{array}{r} 96 \\ +\ 7 \\ \hline 103 \end{array}$

❸ $\begin{array}{r} 7 \\ +93 \\ \hline 100 \end{array}$

## 19

39・40ページ

1 ❶ 82　❷ 91

2 ❶ 95　❷ 84　❸ 63
❹ 93　❺ 94　❻ 85
❼ 60　❽ 80　❾ 80

★ ★ ★

1 ❶ 94　❷ 83
❸ 82　❹ 81
❺ 81　❻ 44
❼ 70　❽ 80

2 ❶ $\begin{array}{r} 157 \\ -\ 72 \\ \hline 85 \end{array}$　❷ $\begin{array}{r} 174 \\ -\ 81 \\ \hline 93 \end{array}$

❸ $\begin{array}{r} 113 \\ -\ 43 \\ \hline 70 \end{array}$

## 20

41・42ページ

1 ❶ 88　❷ 66

2 ❶ 77　❷ 48　❸ 59
❹ 86　❺ 78　❻ 68
❼ 98　❽ 59　❾ 96

★ ★ ★

1 ❶ 64　❷ 67
❸ 79　❹ 76
❺ 87　❻ 88
❼ 94　❽ 98

2 ❶ $\begin{array}{r} 133 \\ -\ 46 \\ \hline 87 \end{array}$　❷ $\begin{array}{r} 155 \\ -\ 88 \\ \hline 67 \end{array}$

❸ $\begin{array}{r} 172 \\ -\ 73 \\ \hline 99 \end{array}$

## 21

43・44ページ

1 ❶ 78　❷ 56

2 ❶ 89　❷ 54　❸ 51
❹ 75　❺ 32　❻ 87
❼ 43　❽ 66　❾ 78

★ ★ ★

1 ❶ 64　❷ 88
❸ 97　❹ 61
❺ 23　❻ 81
❼ 15　❽ 76

2 ❶ $\begin{array}{r} 150 \\ -\ 84 \\ \hline 66 \end{array}$　❷ $\begin{array}{r} 130 \\ -\ 79 \\ \hline 51 \end{array}$

❸ $\begin{array}{r} 140 \\ -\ 93 \\ \hline 47 \end{array}$

## 22 45・46ページ

1 28

2 ❶ 71 ❷ 51 ❸ 22
❹ 77 ❺ 38 ❻ 98
❼ 94 ❽ 71 ❾ 96

★ ★ ★

1 ❶ 32 ❷ 40 ❸ 77
❹ 59 ❺ 16 ❻ 99
❼ 44 ❽ 97

2 ❶ $\begin{array}{r} 103 \\ -\ 14 \\ \hline 89 \end{array}$ ❷ $\begin{array}{r} 105 \\ -\ \ 8 \\ \hline 97 \end{array}$ ❸ $\begin{array}{r} 100 \\ -\ \ 7 \\ \hline 93 \end{array}$

てびき 百の位からくり下げ、さらに十の位からくり下げる計算は、やり方を忘れてしまったり、くり下げる数を間違えたりしやすいので、何度も練習しましょう。

2 位を揃えて筆算をしましょう。

## 23 47・48ページ

1 ❶ 393 ❷ 617

2 ❶ 984 ❷ 521 ❸ 312
❹ 182 ❺ 822 ❻ 930
❼ 413 ❽ 610 ❾ 260

★ ★ ★

1 ❶ 253 ❷ 571 ❸ 312
❹ 510 ❺ 453 ❻ 831
❼ 215 ❽ 310

2 ❶ $\begin{array}{r} 645 \\ +\ \ 8 \\ \hline 653 \end{array}$ ❷ $\begin{array}{r} 7 \\ +604 \\ \hline 611 \end{array}$ ❸ $\begin{array}{r} 402 \\ +\ \ 8 \\ \hline 410 \end{array}$

## 24 49・50ページ

1 ❶ 165 ❷ 369

2 ❶ 193 ❷ 479 ❸ 751
❹ 280 ❺ 465 ❻ 580
❼ 691 ❽ 562 ❾ 240

★ ★ ★

1 ❶ 295 ❷ 692 ❸ 954
❹ 780 ❺ 883 ❻ 366
❼ 370 ❽ 170

2 ❶ $\begin{array}{r} 324 \\ +\ 57 \\ \hline 381 \end{array}$ ❷ $\begin{array}{r} 19 \\ +438 \\ \hline 457 \end{array}$ ❸ $\begin{array}{r} 232 \\ +\ 58 \\ \hline 290 \end{array}$

てびき たされる数やたす数が3桁になっても、2桁のたし算と同じように計算します。

位を揃えて書き、くり上げた数をたし忘れるなどの間違いに注意しましょう。

## 25 51・52ページ

1 ❶ 458 ❷ 507

2 ❶ 873 ❷ 638 ❸ 519
❹ 129 ❺ 309 ❻ 564
❼ 416 ❽ 706 ❾ 687

★ ★ ★

1 ❶ 244 ❷ 727 ❸ 347
❹ 556 ❺ 245 ❻ 922
❼ 404 ❽ 909

2 ❶ $\begin{array}{r} 173 \\ -\ \ 7 \\ \hline 166 \end{array}$ ❷ $\begin{array}{r} 670 \\ -\ \ 6 \\ \hline 664 \end{array}$ ❸ $\begin{array}{r} 810 \\ -\ \ 9 \\ \hline 801 \end{array}$

## 26

53・54ページ

1▶ ① 336　② 228

2▶ ① 725　② 654　③ 508
④ 907　⑤ 834　⑥ 815
⑦ 215　⑧ 236　⑨ 434

★ ★ ★

1▶ ① 632　② 415　③ 923
④ 709　⑤ 106　⑥ 216
⑦ 505　⑧ 799

2▶ ① $\begin{array}{r} 734 \\ -\ 19 \\ \hline 715 \end{array}$　② $\begin{array}{r} 864 \\ -\ 57 \\ \hline 807 \end{array}$　③ $\begin{array}{r} 440 \\ -\ 13 \\ \hline 427 \end{array}$

てびき　ひかれる数が3桁になっても、2桁のひき算と同じように計算します。

位を揃えて書き、くり下げたことを忘れて計算するなどの間違いに注意しましょう。

## 27

55・56ページ

1▶ ① 2346　② 5230
③ 3598　④ 9005

2▶ ① 5094　② 3、9、5
③ 2500

★ ★ ★

1▶ ① 1000、10
② 16　③ 1000
④ 3900、4000

2▶ ① 4010　② 9999

3▶ ① >　② <
③ >　④ >

## 28

57・58ページ

1▶ ① 1100、1100
② 1200、1200
③ 1400、1400

2▶ ① 500、500
② 600、600

★ ★ ★

1▶ ① 1100　② 1300
③ 1300　④ 1700
⑤ 1100　⑥ 1400
⑦ 1500　⑧ 1800
⑨ 1600　⑩ 1200

2▶ ① 300　② 200
③ 900　④ 800
⑤ 600　⑥ 700
⑦ 500　⑧ 700
⑨ 900　⑩ 900

てびき　百円玉を使って考えるとよいでしょう。

## 29

59ページ

1▶ ① 60　② 100
③ 20　④ 30

2▶ ① 86　② 83　③ 32

3▶ ① 23　② 47　③ 89

4▶ ① $\begin{array}{r} 17 \\ +77 \\ \hline 94 \end{array}$　$\begin{array}{r} 77 \\ +17 \\ \hline 94 \end{array}$

② $\begin{array}{r} 84 \\ -76 \\ \hline 8 \end{array}$　$\begin{array}{r} 8 \\ +76 \\ \hline 84 \end{array}$

## 30 60ページ

1 ❶ 163 ❷ 746
❸ 850 ❹ 309
❺ 538 ❻ 430

2 ❶ 130 ❷ 70
❸ 800 ❹ 300
❺ 640 ❻ 900
❼ 36+5+5
=36+(5+5)
=36+10
=46
❽ 23+18+12
=23+(18+12)
=23+30
=53

3 ❶
```
  16
  28
+37
  81
```
❷
```
  58    37
−21  −18
  37    19
```

てびき 1 ❻ 10を40個集めた数は400、10を3個集めた数は30だから、400と30を合わせて430です。

2 ❶❷は10のまとまり、❸❹は100のまとまりで考えましょう。❼❽はたすと「何十」になる数を見つけ、( )を使って計算します。

3 ❷まず58−21を計算し、次に37−18と、2回に分けて計算しましょう。

## 31 61ページ

1 ❶ 136 ❷ 116 ❸ 102
❹ 627 ❺ 414 ❻ 285

2 ❶ 93 ❷ 99 ❸ 35
❹ 365 ❺ 557 ❻ 608

3 ❶
```
  32
+96
 128
```
❷
```
 107
− 29
   78
```

てびき

3 ❷
```
107
−29
```
左のように書かず、位を揃えて筆算をしましょう。

## 32 62ページ

1 ❶ 4753
❷ 7304
❸ 3200
❹ 64
❺ 9970、10000

2 ❶ 1400 ❷ 1200
❸ 1300 ❹ 100
❺ 800 ❻ 300

てびき 1 ❸ 100を30個集めた数は3000、100を2個集めた数は200だから、3000と200を合わせて3200です。

❹6400を6000と400に分けて考えます。6000は100を60個、400は100を4個集めた数なので、6400は100を64個集めた数です。



3 2 1 0 9 8 7 6 5 4
＊ ＊ D C B A